上海大学出版社

2005年上海大学博士学位论文 23

多分量Chirp信号的时频表示与参数估计的研究及其应用

● 作 者：于 凤 芹

● 专 业：控 制 理 论 与 控 制 工 程

● 导 师：曹 家 麟

2005年上海大学博士学位论文 23

多分量Chirp信号的时频表示与参数估计的研究及其应用

作 者：于凤芹
专 业：控制理论与控制工程
导 师：曹家麟

上海大学出版社
·上海·

Shanghai University Doctoral
Dissertation (2005)

Research on Time-Frequency Analysis and Parameters Estimation for Multi-Component Chirp Signal and Its Applicatrions

Candidate: Yu Fengqin
Major: Control Theory and Control Engineering
Supervisor: Prof. Cao Jialin

Shanghai University Press
· Shanghai ·

上 海 大 学

本论文经答辩委员会全体委员审查，确认符合上海大学博士学位论文质量要求.

答辩委员会名单：

主任：	宋文涛	教授，上海交通大学	200030
委员：	顾幸生	教授，华东理工大学	200273
	张　浩	教授，上海电力学院	200090
	张兆扬	教授，上海大学通信工程系	200072
	杨慧中	教授，江南大学信控学院	214122
导师：	曹家麟	教授，上海大学	200072

评阅人名单：

王　祁	教授，哈尔滨工业大学自动测试与控制系	150001
张兆杨	教授，上海大学通信工程系	200072
张艳宁	教授，西北工业大学计算机学院	710072

评议人名单：

马义德	教授，兰州大学	730000
顾幸生	教授，华东理工大学	200273
王万良	教授，浙江工业大学	310014
燕庆明	教授，江南大学	214036

答辩委员会对论文的评语

对多分量Chirp信号的检测、参数估计和时频分析及应用的研究不仅具有理论意义，而且具有潜在的应用价值.该论文的研究成果在以下几点上有所创新：

(1) 提出了基于时频重排-Hough变换和抽取图像脊-Hough变换，对多分量Chirp信号的检测与参数估计的改进方法，解决了交叉项抑制和时频聚集性下降的矛盾，有效地提高了检测准确性和参数估计的精度；

(2) 提出了基于分数阶傅立叶变换的旋转-径向移位算子，并通过将该算子作用于比例后的高斯基函数，首次提出了用比例、旋转、径向移位表示的三参数Chirp原子，使Chirp原子的参数由五个降为三个；

(3) 提出了基于预估计的匹配追逐算法(PEMP)以搜索最佳三参数Chirp原子，并将PEMP方法应用于合成信号、实际的声音信号和地震数据.研究结果表明，该方法能从整体上把握信号中固有的时频结构，避免原始MP算法因局部优化对信号的过分解，能提供信号的紧凑表示和Chirp原子的参数，得到的时频分布不含交叉项干扰，有较高的时频聚集性和可分辨性.

论文反映出作者已较全面地掌握了与本课题相关的国内外发展动态，且具有扎实的基础理论及系统深入的专门知识，显示了该生已具有很强的独立科研能力.论文结构清晰，层次分明，理论联系实际，论证严密.在答辩过程中，对论文内容的表述简练流畅，思路清晰，对提出的问题，能予以正确地回答.

答辩委员会表决结果

经答辩委员会表决，全票同意通过于凤芹同学的博士学位论文答辩，建议授予工学博士学位.

答辩委员会主席：宋文涛

2005年1月18日

摘　要

Chirp 信号是一种典型的非平稳信号，广泛地应用于通信、雷达、声纳、生物医学和地震勘探等系统，许多自然现象也可以用 Chirp 信号作为信号模型．论文以多分量 Chirp 信号为研究对象，采用时频重排- Hough 变换、分数阶傅立叶变换、三参数 Chirp 原子分解等方法，对多分量 Chirp 信号的时频表示、检测与参数估计及应用进行了较为深入的研究．

从时频聚集性、交叉项抑制、分量间的可分辨性等方面，分析了模糊函数、WVD 及 Cohen 类双线性时频分布对多分量 Chirp 信号的时频表示性能．尽管模糊函数和 WVD 对单分量 Chirp 信号有最佳的时频表示，但它们对多分量 Chirp 信号的时频表示却存在交叉项干扰．Cohen 类时频分布使用核函数平滑来减少交叉项，但平滑也使时频聚集性下降，交叉项的存在和较低的时频聚集性又导致分量间的可分辨性变差，所以，对于多分量 Chirp 信号，现有的双线性时频分布不是最好的时频分析工具．

由于多分量 Chirp 信号在时频平面淹没在交叉项和噪声中，直接从其时频分布很难辨别信号的存在．为此提出了将该信号的双线性时频分布作为图像，由于 Chirp 信号在时频平面呈直线，利用 Hough 变换检测图像中直线的原理，将噪声中多分量 Chirp 信号的检测与参数估计转换为在参数空间寻找局部极大值及其相应坐标的问题，使检测和参数估计一并完成．针对WVD中的交叉项经Hough变换后可能会形成伪尖峰;抑制此伪尖峰而平滑交叉项又造成时频聚集性下降这一矛盾,提出了基于时频重排-Hough变换和抽取图像脊-Hough变换的两种改进方法,从而既解决了交叉项抑制与时频聚集性下降的矛盾,又缩短了Hough变换的时间,提高了检测和参数估计的准确性,也改善了抗噪声性能,并将时频重排-Hough变换方法应用于对噪声中多运动目标雷达回波信号的检测,仿真实验结果证明了该方法的有效性.

深入系统地研究了分数阶傅立叶变换(FRFT: Fractional Fourier Transform)的基本理论,包括傅立叶变换算子的分数阶化过程、FRFT的定义与性质、典型信号的FRFT、分数阶傅立叶域的概念和运算、FRFT与其他的时频表示的关系,以及离散FRFT的计算等.我们的目的是从多个角度揭示和分析多分量Chirp信号在适当的分数阶傅立叶变换域呈现冲激信号特征的机理.利用这个特征,提出了对直接序列扩频通信系统中多个Chirp宽带干扰的识别和剔除方法,仿真实验结果说明了这种方法的可行性.

研究了Chirplet变换的定义和物理意义,它适合于对多分量Chirp信号的线性时频表示,但其高维参数空间的定义无法使它实际应用.在介绍了匹配追逐算法原理和分析了寻找最佳时频原子计算复杂性的基础上,提出了具有三参数Chirp原子的预估计的匹配追逐(PEMP: Prior Estimate Matching Pursuit)方法,对多分量Chirp信号进行时频表示与参数估计.首先,提出了基于分数阶傅立叶变换的旋转-径向移位算子,证明了该算子对WVD的旋转协变性和径向移不变性;其次,通过将该算子作用于比例后的高斯基函数，得到用比例、旋转、径向移位三个参数表示的Chirp原子，使Chirp原子由五个参数降为三个参数表示；然后提出了预估计的匹配追逐算法以搜索最佳三参数Chirp原子；最后将PEMP方法应用于合成信号、实际的声音信号和地震数据.研究结果表明，基于PEMP的三参数Chirp原子分解方法能从整体上把握多分量Chirp信号中固有的时频结构，避免原始MP算法因局部优化的贪婪性对信号的过于分解，可以得到信号的紧凑表示，并能提供每个Chirp分量的参数.基于PEMP的三参数Chirp原子分解的时频分布是恒正的，不含交叉项干扰，没有窗效应，且有较高的时频聚集性和可分辨性.

关键词　多分量Chirp信号，时频表示，检测与参数估计，Chirp原子分解，分数阶傅立叶变换，预估计的匹配追逐算法

Abstract

Chirp signal is a typical non-stationary signal, which widely appears in systems such as communication, radar, sonar, biomedicine and earthquake exploring system and also be used as signal model for a lot of natural phenomena. The detection, the parameters estimation and the time-frequency representation for the multi-component Chirps were researched in this dissertation, using the reassignment time-frequency distribution-Hough transform (RTFD-HT), fractional Fourier transform (FRFT), and tree-parameter Chirp atom decomposition methods.

The time-frequency distribution performance of ambiguity function, WVD, and Cohen class time-frequency distributions for the multi-component Chirps were described from the time-frequency concentration, the cross terms reduction, and the discriminability. Though WVD and ambiguity function is a better time-frequency representation for mono-component Chirp, the interferences of cross terms of the bilinear time-frequency distributions occurred for the multi-component Chirps. Using kernel function smooth can restrain the cross terms, but it results in a deterioration of the time-frequency concentration and the discriminability. Therefore, the Cohen class bilinear time-frequency distributions are not the best as a time-frequency analysis tool for the multi-component Chirps.

Because the presence of the multi-component Chirps is barely identified directly from time-frequency distribution due to the existence of the cross terms and noise, the method of the detection and the parameters estimation for the multi-component Chirps was proposed, based on time-frequency distribution-Hough transform, which regards the bilinear time-frequency distribution of the signal as an image, applies the principle of the detecting line of Hough transform and finds the local maximal and relevant coordinate in order to detect the line and estimate its parameter. Confronting with the contradiction between restraining the cross terms and increasing the time-frequency concentration, we brought forward the improved methods of the reassignment time-frequency-HT and the image ridges extraction-HT. The simulation results have shown that the proposed method can not only eliminate false detection resulted from pretense peak value of the cross-term and shorten the time of Hough transform, but also increase the accuracy of the detection and parameters estimation and reduce noisy interference. Also the proposed method has been applied to detect a multi-target radar signal in noise and has, through simulation experiments, been proved to be effective.

The theory of fractional Fourier transform was also researched systematically, including the fractionalized process of Fourier transform operators, the definition and the properties of FRFT, the FRFT of the typical signals, the conception and the operation of fractional Fourier domain, the reasons for diversity of FRFT and the calculation of discrete FRFT. Our motivation is to discover and explain a mechanism in which an impulse characteristic of the multi-component Chirps presents in a proper FRFT domain. With this characteristic, the identification and excision for multi-Chirps jamming in direct sequence spread spectrum (DSSS) communications was proposed and the simulation results have shown that this method can availably identify and remove the multi-Chirps jamming in DSSS.

After introducing the definition and physical meaning of Chirplet transform, which is adapted to time-frequency representation for multi-component Chirps, but it is impracticable because of its high-dimension structure, and analyzing the calculation complexity of the matching pursuit algorithm, the time-frequency representation and the parameters estimation for the multi-component Chirps with three-parameter Chirp atom decomposition was also proposed. Firstly, a rotated-radial shift operator based on FRFT was put forward, which is a generalized form of the time shift, the frequency shift and the fractional shift operator. Secondly, after proving the covariant and invariant of WVD of this operator, three-parameter Chirp atom with the scale, the rotation and the radial shift were derived by applying the operator to scaled gauss function. And then, a prior estimate matching pursuit (PEMP) was presented to search the best three-parameter Chirp atoms. Finally, the PEMP was applied in the synthesized signal, the voice signal and the seism data. The simulation experiment results shown that the methods can capture the inherent time-frequency structure of the signal of multi-component Chirp and avoid over-decomposition owing to the greediness caused by the local optimization in original MP and provide the parameters of each component. The time-frequency distribution based on the three-parameter Chirp atom decomposition is always positive, cross terms free, no window effect and of higher time-frequency concentration and the discriminability.

Key words multi-component Chirp signal, time-frequency representation, detection and parameters estimation, Chirp atoms decomposition, fractional Fourier transform, prior estimate matching pursuit

目　录

第一章 绪 论

1.1 研究对象

瞬息万变丰富多彩的世界呈现给我们时刻变化着的信号，变幻着色彩的光、变化着音调的声音，正是在这样变化的信号中才蕴藏着丰富的信息[1]. 根据信号的一阶和二阶统计量是否与时间有关，可将其分为平稳信号和非平稳信号，非平稳信号又称为时变信号，其频率随时间有较大的变化，且呈现较强的时间局部性，因而其统计量与时间有关. 非平稳信号广泛地出现在工程技术领域，在雷达、声纳、无线电通信系统中，传播介质物理特性的时常扰动，使传播的信号频率产生变化；接收系统与目标之间的相对运动产生的多普勒效应，也会使信号的频率发生改变. 生物医学信号中的脑电图波形、心率突变信号、核磁共振信号等，由产生机理决定了它们的时变性. 物体结构或大型设备发生故障时的异常振动信号等也都是非平稳信号. 此外，非平稳信号也是对许多自然现象的客观描述，如语音信号，音乐信号，在不同色散介质中传播的波，还有动物种群如鸟、蝙蝠、青蛙、海豚和鲸鱼等发出的用于定位的回波信号和相互联络的声音信号等等.

在非平稳信号中，Chirp 信号是一种典型的非平稳信号，它又称为线性调频信号(LFM：Linear Frequency Modulation)，由于线性调频信号是通过非线性相位调制获得的脉冲压缩信号，而脉冲压缩信号听上去很像鸟的声音，所以，LFM 信号又称 Chirp 信号，在本文中我们使用 Chirp 信号一词. 应当指出，Chirp 信号不限于频率线性变化的信号，它可以有更复杂的频率变化规律，但考虑到实际信号中含有大量的线性 Chirp 成分，且任何复杂的曲线都可以由分段的不同斜率的直线来逼近，为简化信号模型便于理论推导和数学表达，所以，本文的研究对象仅限于具有线性调频规律的 Chirp 信号.

Chirp 信号是一类特殊的非平稳信号，首先，由于 Chirp 信号在时频平面呈现直线，它常作为衡量一种时频分析方法是否有效的实验信号，事实上，任何一种时频分布如果对 Chirp 信号不能提供良好的时频聚集性，那么它就不适合作为非平稳信号的时频分析工具[2]；此外，一个频率复杂变化的信号都可以用多个 Chirp 信号的分段叠加来近似表示，这相当于将时频平面中的任意曲线用不同斜率和不同截距的直线来逼近；利用其宽带特性，Chirp 信号还可以作为在低信噪比下系统辨识的输入激励信号[3]，所以，Chirp 信号在时频分析中起着基本信号作用. 其次，Chirp 信号是自然界中存在的一种信号形式，如蝙蝠、海豚和鲸鱼等发出的用于定位的回波信号；地球物理学中天电干扰信号；天体物理中万有引力波；声学色散介质中传播的脉冲波等. 此外，作为具有大的时间-频带积的扩频信号，它还广泛地应用于通信、雷达、声纳和地震勘探等工程技术领域，如在雷达和声纳系统中，目标多普勒频率与目标速度近似成正比，当目标作等加速运动时，回波就是线性 Chirp 信号，其调频斜率参数包含了反映目标位置和速度等的信息[4]；复杂运动目标回波在一段短的时间里，可用线性调频 Chirp 作为一阶近似. 又如在扩频通信中，Chirp 信号是一种常见的宽带干扰信号形式[5,6]，同时，Chirp 信号也提供了一种具有高度抗干扰能力的线性调频调制方案[7]. 在生物医学方面，新生儿脑电图信号在时频平面以主导谱峰的形式呈现线性调频或分段线性调频的非平稳和多分量特征，因而用具有固定幅度或时变幅度的多个 Chirp 信号作为其信号模型，比原有的假设具有局部平稳的信号模型效果更好[8]. 再者，在人工地震信号设计中，以往是用具有非平稳功率谱但不具有时变频率成分的均匀调制随机信号作为模型，然而对大量实际记录的地震数据观察表明，地震信号除强度随时间变化外，频率也随时间变化，并且具有随时间增加趋向低频的趋势，因而用具有时变幅度的 Chirp 信号作为信号模型比原有的模型更适合刻画复杂的地震活动[9].用于机械故障诊断的振动信号也存在着大量的Chirp信号成分,文献[10]建立了以多个实的线性调频信号叠加作为汽车齿轮箱故障信号模型,并分析了该模型的合理性和有效性.

信号的参数化模型在信号建模、分析、合成、识别、分类、主导成分分析等方面起着重要作用,参数化信号模型的统计性能取决于所选模型的适合程度以及模型参数的估计精度.现代谱估计方法主要依赖自回归滑动平均模型,该模型假设信号是平稳的,它不适合对非平稳信号的分析.P. Sircar对非平稳信号提出了复调幅信号模型[11]和复调频信号模型[12],尽管这两种模型能够刻画某一类非平稳信号,如语音中的浊音和清音,但是,前者由多个单频的幅度调制信号组成,不适合表示频率随时间线性变化的Chirp信号;而后者具有高度的非线性,模型中参数较多且参数的估计也并不容易.具有时变谱的Chirp信号在自然和工程技术领域是普遍的信号形式,许多实际信号也都可以用多个Chirp信号来逼近.考虑到非平稳性和多分量性是许多实际信号的共同特征,所以,多分量Chirp信号作为我们的研究对象.对不同问题建立相同的数学模型,并提供统一的解决方法是这个研究工作的出发点.

实际上,任何信号在产生、记录、传播、接收等过程中都不可避免地受到各种外界干扰和内部噪声的影响,文献[13]详细分析了在各种实际的非平稳信号检测中噪声和干扰形成的主要原因.考虑噪声的影响更符合实际信号的特征,更适合具体场合的应用.所以,本文的研究对象为受噪声影响的多分量Chirp信号.

1.2 现有的研究方法综述

实际中的许多信号是非平稳的,长期以来局限于理论的发展,只好将非平稳的信号简化为平稳的随机信号来处理,其结果当然不甚满意[14].作为经典的信号分析工具,傅立叶变换(FT: Fourier Transform)在许多学科起着核心作用,其应用也遍及许多工程技术领域，但是，它是建立在信号是全局平稳的假设的前提下，它是完全的频率表示，不能提供任何时间信息，即只能提供信号中所含的频率成分，却不能揭示这些频率成分何时发生. 对于频率随时间变化的Chirp信号，傅立叶分析只给出其频率变化范围，仅能说明它是一个宽带信号而已.

时频分析方法是研究非平稳信号的有力工具[15]，作为时间和频率的二维函数，时频分布给出了特定时间和特定频率范围的能量分布，也描述了非平稳信号的频率随时间的变化过程. 在时频分析几十年的发展历程中，出现了许多种类的时频分布，本质上可以分为线性时频表示、Cohen类双线性时频分布、重排类双线性时频表示、自适应时频表示、参数化时频表示等.

作为线性时频表示，短时傅立叶变换（STFT：Short Time Fourier Transform）和Gabor变换最早被提出，并且成为时频分析思想的创始者，但由于受到不确定原理的制约，其时间分辨率和频率分辨率不能同时得到优化，因而限制了STFT和Gabor变换对Chirp类信号的时频描述. 小波变换将一维时间信号影射到以时间和尺度为参数的二维空间，本质上它是一种多分辨率分析方法，更适合于分析具有自相似结构的信号，从刻画Chirp信号的时变的频率结构的角度而言，小波变换的结果则难以解释.

1948年，Ville将Wigner在量子力学研究中提出的Wigner分布引入到信号处理领域，从而发展成为后来最具有代表性的一种时频表示，称为魏格纳-威利分布（WVD：Wigner-Ville Distribution）[16]，WVD对单分量Chirp信号有最好的时频聚集性，即信号的能量分布在反映其瞬时频率的直线上，但是，作为能量型解释的WVD，其定义是关于信号的双线性或二次型结构，对多分量Chirp信号会产生交叉项干扰，这些交叉项模糊了原信号的本来特征，降低了信号的时频分辨率，更限制了它的实际应用. 为抑制交叉项改善时频分布性能，使用核函数方法对WVD的交叉项进行平滑，产生了Cohen类双线性时频分布，其中包括伪魏格纳-威利分布（PWVD：Pseudo

WVD)[17,18]、平滑的魏格纳-威利分布(SWVD：Smoothing WVD)[19~21]、平滑的伪魏格纳-威利分布(SPWVD：Smoothing PWVD)、谱图(Spectrogram)[22]、乔伊-威连姆斯分布(CWD：Choi-Willimams Distribution)[23]、广义指数分布(GED：Generalized Exponential Distribution)[24]、锥形核分布(ZAMD：Zao Atlas Marks Distribution)[25~27]、多形式可倾斜指数分布(MTED：Multiform Tiltable Exponential Distribution)[28]、减少交叉项分布(RID：Reduced Interference Distribution)[29]、具有组合核的时频分布(CKD：Compound Kernel Distribution)[30]、具有贝塞尔核的时频分布(BKD：Bessel Kernel Distribution)[31]，最小交叉熵正的时频分布(MCEPD：Minimum Cross Entropy Positive Distribution)[32,33]等，这些时频分布对交叉项抑制的同时，也使信号的时频聚集性下降，从而影响了信号的可分辨性，此外，固定形式的核函数决定了每一种分布可能对某一类信号很理想，如 CWD 对频率不随时间变化的信号分量有较好的分辨性[34]，但对其他类信号却不合适. 从交叉项抑制和时频聚集性来看，多分量 Chirp 信号在模糊平面是多条通过原点的直线，而这些时频分布的核函数在模糊平面或者聚集在原点周围或者分布在两个坐标轴附近，由于信号的分布位置和核函数形状之间的不匹配，导致了现有的 Cohen 类时频分布对于多分量 Chirp 信号的时频表示存在局限性. 文献[35]针对 Chirp 信号特点，提出了与 Chirp 信号有关的核函数设计方法，并根据待分析的 Chirp 信号特点，估计核函数的参数，但对于多分量 Chirp 信号，各分量之间或平行或交叉，无法预先估计信号在时频平面的位置和形状，因而这种方法仅对单分量 Chirp 信号是可行的. 除核函数外，作为平滑手段的一种补充，对双线性时频分布进行时频重排，即用以某一点为中心的邻域内的信号分布的加权值来取代该点的分布值，可以兼顾时频聚集性改善和交叉项减小[36].

一种时频分布应该能对多种不同类型的信号提供好的时频表示性能，固定的核函数无论如何也不能达到这个目的. 由于信号项和交叉项的位置取决于被分析信号，所以核函数的设计也应该与被分析的信号密切相关，这样，便诞生了基于信号的自适应核函数的设计思想[37~41]. 其中径向高斯核时频分布将核函数定义为沿任意径向剖面都是高斯型的二维函数，并由展形函数控制其形状，把对二维核函数的优化简化为对一维展形函数的优化[42]. 但是，这种分布仍是假定信号项集中在模糊平面的原点而交叉项远离原点，且当信号项与交叉项重叠时，无论体积参数如何取值都不能将信号项和交叉项分开. 基于信号的可变窗长或者多窗的 STFT 可以改善谱图的分辨率[43]，但这种方法的前提是假定信号在同一时间仅存在一种形式的信号分量，对于实际的多分量信号，各个分量之间可能平行也可能交叉而同时存在，因而可变窗长的 STFT 限制了对多分量 Chirp 信号的时频描述.

由于 STFT 和小波变换都采用频率不变的基函数，即对时频平面是一种格型划分，这种时频网格对频率线性变化的 Chirp 信号相当于零阶逼近，这样势必会造成分解过程存在许多截断和分量之间的混合畸变. 为了刻画变频信号的时频特性，克服频率零阶逼近的缺陷，1991 年 Mann S. 和 Haykin S. [44] 与 Mihovilovic D. 和 Bracewell R. N. [45] 同时提出了 Chirplet 的概念，随后 Mann S. 和 Haykin S. 在 1992 年提出了自适应 Chirplet 变换[46]，其基本出发点是将小波变换广义化，采用经过伸缩（比例）、时移、频移、时间切变、频率切变的 Gauss 函数，即 Chirplet（高斯线调频小波）作为基函数，并用内积法得到了 Chirplet 变换. Mann S. 和 Haykin S. 在 1995 年又从物理角度阐明了 Chirplet 变换的机理[47]，1996 年 Baraniuk R. G. 和 Jones D. L. 使用 WVD，从仿射时频变换的角度进一步奠定了 Chirplet 变换的数学基础[48]. 尽管 Chirplet 变换可以更加完美地刻画复杂多样的信号的时频特征，并在一个统一的框架内比较各种线性时频表示，它也适合于对多分量 Chirp 信号的线性时频表示，但其定义的高维参数空间使得 Chirplet 变换的计算、存储和显示都不方便，因此一直无法真正使用.

为了刻画非平稳信号的局部时频结构，信号分解已经超出基的范畴，用在时频平面具有较好局部性的时频原子构成的过完备字典代替基函数的集合，信号的原子分解就是用从字典中取出的与信号的局部时频结构最相近的一些时频原子来表示它，并用原子的时频分布逼近信号的能量分布[49,50]. 由非线性独立的原子构成的时频字典是完备的但又是高度冗余的，信号的过完备分解使得信号的自适应表示成为可能，一个好的自适应表示方法应具有稀疏性、可分离性、高分辨性、适量的计算复杂性和对噪声的稳健性. 原子分解可以得到信号的局部时频信息，提供信号的紧凑表示，但是，这种方法的关键是如何构造时频原子字典和如何从中寻找最佳的时频原子. Gabor 字典[51,52]、多时频结构字典[53]、基于波形的字典[54]、衰减的正弦字典[55]、参数随机化字典[56]、谐波字典[57]，这些字典是针对具体的应用对象设计的，它们不适合于表示多分量 Chirp 信号，而 Chirp 字典是由一个经过比例、时移、频移、时间切变、频率切变的高斯函数组成的原子集合，由于 Chirp 原子带有变频成分，所以，Chirp 字典适合于表示多分量 Chirp 信号. 但是，根据匹配追逐原理(MP：Matching Pursuit)[51]寻找最佳的 Chirp 原子时，其 5 个参数需要进行 5 维连续空间的搜索，尽管文献[58,59]分别通过旋转和增加线性调频项得到 4 个参数的 Chirp 原子，但仍然面对在庞大的过完备的字典里，搜索具有多个参数的最佳原子的多极值优化问题，这个问题到目前为止还没有得到解析解[52]，数值解法在计算速度和精度方面一直是非平稳信号时频分析领域的研究难点和热点之一[60,61].

Chirp 信号形式代表了一些实际过程和物理现象，其信号参数反映了客观对象的某种状态和属性，因而对 Chirp 信号的参数估计是实际应用的需要. 现有的方法各有利弊，如最大似然估计要求有较高的信噪比，且需要高维空间搜索，参数的估计精度依赖于搜索网格的分辨率[62,63]；最小均方误差方法需要有效的初始化技术，否则收敛速度明显降低[64]；瑞顿-魏格纳变换数值计算比较复杂，无论是时域解线调还是频域解线调方法都会使时频支撑区变形，对于离散信号导致相邻周期的混叠[65,66].

1.3 研究内容与研究意义

如上所述,多分量 Chirp 信号可在许多技术领域和自然现象中作为共同的信号模型,由于其呈现非平稳性和多分量的特点,傅立叶变换、短时傅立叶变换、小波变换等方法,不适合作为多分量 Chirp 信号的分析工具;双线性时频分布对多分量 Chirp 信号存在交叉项干扰,平滑交叉项会导致时频聚集性下降,又引起分量间的可分辨性变差;Chirplet 变换适合于多分量 Chirp 信号的表示,但高维参数空间使其无法真正使用;基于 Chirp 字典的原子分解方法对于多分量 Chirp 信号是较好的时频分析工具,但是搜索具有多参数的最佳原子一直是个难题.

本文针对多分量 Chirp 信号的特点,提出了用比例、旋转、径向移位三个参数表示的 Chirp 原子字典,使 Chirp 原子的参数由五个降为三个,并提出了以预先估计最佳原子的参数,来代替遍历整个字典搜索的预估计的匹配追逐算法.为此我们先研究多分量 Chirp 信号在噪声影响下的检测与参数估计问题,利用该信号在变换域呈现的特征来检测 Chirp 信号并估计其参数,然后将检测到的特征和估计的参数用于寻找最佳 Chirp 原子过程,将多分量 Chirp 信号用三参数 Chirp 原子分解来表示,并用 Chirp 原子的时频分布来逼近该信号的时频分布,这样可以得到不含交叉项干扰,且具有较高的时频聚集性的时频表示,同时能够提供每个 Chirp 分量的参数,具体的研究内容如下:

首先,研究在低信噪比下多分量 Chirp 信号的检测问题.因为在许多实际应用中,判断信号是否存在是其他后续处理的前提;另一方面,研究多分量 Chirp 信号在变换域所呈现的特征,也为后续的寻找最佳原子可能出现的位置提供依据.低信噪比下的多分量 Chirp 信号,在时域和频域呈现的特征都不明显,其双线性时频分布存在交叉项干扰,很难直接在时频平面判断信号的存在.我们采用 Hough 变换图像处理技术和分数阶傅立叶变换的理论，研究多分量 Chirp 信号在变换域的特点，在 Hough 变换的参数空间，每个 Chirp 信号都呈现一个尖峰；而在与其调频斜率相对应的分数阶傅立叶变换域，Chirp 信号呈现脉冲函数特征，利用 Chirp 信号在变换域更加聚集而噪声更加弥散的特点，达到在低信噪比下检测多分量 Chirp 信号的目的.

然后，研究多分量 Chirp 信号的参数估计问题. 由于多分量 Chirp 信号代表着许多实际过程和自然现象，其信号参数反映了客观对象的某种状态和属性，估计 Chirp 信号的参数是实际应用的需要，同时估计的参数也可以代替后续的最佳 Chirp 原子的参数搜索. 由于多分量 Chirp 信号在时频分布呈现直线，将其时频分布作为图像，利用 Hough 变换将图像中的直线转换为参数空间的峰值，通过搜索峰值点对应的坐标来估计初始频率和调频斜率两个参数. 其次，针对 WVD 的交叉项经 Hough 变换形成伪尖峰造成的低阈值下误判；而平滑交叉项可抑制伪尖峰又导致时频聚集性下降这对矛盾，我们提出了对双线性时频分布进行重排再 Hough 变换和对时频分布的图像抽取图像脊后再进行 Hough 变换的改进方法. 此外，还与基于 RWT 和 Chirp-傅立叶变换的参数估计方法作了比较.

其次，研究基于三参数 Chirp 原子分解的多分量 Chirp 信号的时频表示问题. 因为时频分布揭示了信号的频谱随时间的变化过程，反映了信号的局部时变特性. 鉴于线性时频表示的窗效应和双线性时频分布的交叉项，针对多分量 Chirp 信号的特点，我们提出基于三参数 Chirp 原子分解的多分量 Chirp 信号的时频表示，并将前面研究的检测与参数估计方法应用于最佳 Chirp 原子的寻找过程，得到多分量 Chirp 信号的三参数 Chirp 原子表示，并由此构造一种基于 Chirp 原子时频分布的正的时频表示，它不含交叉项干扰，没有窗效应，且有较高的时频聚集性和可分辨性，同时该方法还可以提供每个 Chirp 分量的参数，这些参数可进一步用于信号的合成、分离、数据压缩等用途.

最后，研究多分量 Chirp 信号的检测、参数估计和时频表示的方法的应用问题.将提出方法分别应用于多运动目标雷达回波信号的检测、直接序列扩频通信系统多个 Chirp 干扰的识别与抑制、对声音信号和地震数据的三参数 Chirp 原子分解,取得了初步的应用效果,仿真实验结果表明这些方法的有效性和可行性.

对现实中存在着的非平稳 Chirp 信号的研究,是非平稳信号时频分析中的活跃和重要的研究课题之一.本文以受噪声影响的多分量 Chirp 信号为对象,研究该信号的检测、参数估计及时频表示问题,并将三者结合起来,利用检测特征和估计的参数来解决基于三参数 Chirp 原子分解的最佳原子多维搜索的困难,从而得到无交叉项干扰且时频聚集性较高的时频分布,同时还可以提供每个 Chirp 分量的参数.理论分析、仿真实验和实际应用表明了这些方法的有效性和可行性.无论是从信号分析与处理学科发展的角度,还是从实际应用对象考虑,如语音、雷达、通信、故障检测和诊断、生物医学等中的信号分析与处理问题,本文所研究的多分量 Chirp 信号的检测、参数估计和时频表示,对于发展和丰富时频分析的理论和拓宽时频分析技术的应用既具有理论意义又具有直接或间接的应用前景.

1.4 论文的构成和主要创新点

第二章从交叉项的特点和抑制机理、时频聚集性、可分辨性等方面,讨论模糊函数、WVD、Cohen 类双线性时频分布对多分量 Chirp 信号时频表示的性能.同时给出模糊函数和 WVD 的定义与性质,概括双线性时频分布的基本理论,为后续内容的叙述作必要的铺垫.多分量 Chirp 信号的双线性时频分布,其交叉项是固有的,使用核函数平滑可一定程度的抑制交叉项,但同时也使时频聚集性降低,又导致信号分量的可分辨性变差,所以,得出现有的 Cohen 类双线性时频分布对多分量 Chirp 信号的时频表示存在局限的结论.

第三章叙述基于重排时频分布- Hough 变换的多分量 Chirp 信号的检测与参数估计方法.首先介绍 RWT 的定义与性质并分析对多

分量 Chirp 信号的检测与参数估值的原理及存在的问题. 然后给出基于双线性时频分布- Hough 变换的原理和仿真实验遇到的问题. 其次说明对双线性时频分布进行重排再进行 Hough 变换和抽取图像脊-Hough 变换的改进方法的原理和仿真实验结果，此外，还与基于 Chirp -傅立叶变换的多分量 Chirp 信号的检测和参数估计方法作了比较. 最后将提出的时频重排- Hough 变换方法应用于多目标雷达回波信号的检测并进行了仿真实验.

第四章研究基于分数阶傅立叶变换的多分量 Chirp 信号的检测问题. 详细地讨论 FRFT 的产生、定义、物理意义与性质等基本理论，从 FRFT 定义、相关性质及它与其他分布的关系等多个角度揭示和分析了多分量 Chirp 信号在分数阶傅立叶变换域所呈现的脉冲函数特征，并将这一特征应用于直接序列扩频通信系统中多个 Chirp 干扰的识别与剔除，给出了仿真实验结果.

第五章详细说明基于三参数 Chirp 原子分解的多分量 Chirp 信号的时频表示与参数估计方法. 在介绍 Chirplet 变换的物理意义，并分析匹配追逐算法原理后，首先推导基于分数阶傅立叶变换的旋转-径向移位算子，并证明该算子对 WVD 的旋转协变和径向移不变性，然后给出用比例、旋转、径向位移表示的三个参数 Chirp 原子并与现有的原子作比较，其次说明 PEMP 来搜索最佳 Chirp 原子原理，最后给出将 PEMP 数值实现算法应用于合成信号、实际的声音信号和地震数据的实验结果.

第六章是对全文的总结，概括归纳了本文的主要贡献，提出了与本课题相关的进一步研究方向.

总之，本文的主要创新点如下：

(1) 提出了基于时频重排- Hough 变换和抽取图像脊- Hough 变换，对多分量 Chirp 信号的检测与参数估计的改进方法，解决了交叉项抑制和时频聚集性下降的矛盾，有效地提高了低信噪比下多分量 Chirp 信号检测的正确性和参数估计的准确性.

(2) 提出了基于分数阶傅立叶变换的旋转-径向移位算子，并通过将该算子作用于比例后的高斯基函数，首次提出了用比例、旋转、径向移位表示的三参数 Chirp 原子，使 Chirp 时频原子由原来的五个参数降为三个参数表示，这样可以使搜索最佳 Chirp 原子的时间减少.

(3) 提出了基于预估计的匹配追逐算法(PEMP)来搜索最佳三参数 Chirp 原子. 采用 Hough 变换图像处理技术和分数阶傅立叶变换的理论，检测并估计多分量 Chirp 信号的参数，并将检测特征和估计的参数用于最佳 Chirp 原子的搜索过程，即用预先估计的最佳 Chirp 原子的参数代替遍历整个字典的搜索，提出了预估计的匹配追踪算法；将多分量 Chirp 信号用三参数 Chirp 原子来表示，并用 Chirp 原子的时频分布来逼近该信号的时频分布，得到的时频分布是恒正的，不含交叉项干扰，没有窗效应，且有较高的时频聚集性和可分辨性；预估计的匹配追踪算法避免了原始的 MP 方法因局部优化对信号的过于分解，能够提供存在于信号中固有的最大时频结构，从而得到信号的紧凑表示，并可以提供信号中每个 Chirp 分量的参数.

第二章　多分量 Chirp 信号的 Cohen 类时频分布的性能

时频分析理论和方法为非平稳信号分析处理提供了有效的工具，Cohen 类双线性时频分布构成了时频分析理论的基础和核心，本章研究几种主要的 Cohen 类双线性时频分布对多分量 Chirp 信号的时频表示性能，通过对交叉项抑制和时频聚集性以及可分辨性的分析可以看出，现有 Cohen 类双线性时频分布对于多分量 Chirp 信号的时频表示存在局限.

2.1　多分量 Chirp 信号的模糊函数表示

2.1.1　模糊函数的定义与性质

令信号 $x(t)$ 及其时移信号为 $x_\tau(t)=x(t+\tau)$，两者的自相关函数为：

$$\begin{aligned} r_{xx}(\tau) &= \langle x_\tau,\ x\rangle \\ &= \int_{-\infty}^{\infty} x^*(t)x(t+\tau)\mathrm{d}t \end{aligned} \tag{2.1}$$

用对称形式表示自相关函数：

$$r_{xx}(\tau)=\int_{-\infty}^{\infty} x\left(t+\frac{\tau}{2}\right)x^*\left(t-\frac{\tau}{2}\right)\mathrm{d}t \tag{2.2}$$

在平稳信号分析中，由于自相关函数和能量谱密度 $S_{xx}(f)=|X(f)|^2$ 构成了傅立叶变换关系，则(2.1)可以写成：

$$r_{xx}(\tau)=\int_{-\infty}^{\infty} S_{xx}(f)\exp(\mathrm{j}2\pi f\tau)\mathrm{d}f$$

$$= \int_{-\infty}^{\infty} X^*(f) X(f) \exp(\mathrm{j}2\pi f\tau) \mathrm{d}f \tag{2.3}$$

同样，令信号 $x(t)$ 及其频移信号为 $x_v(t) = \exp(\mathrm{j}2\pi vt)x(t)$，定义两者的自相关函数为：

$$\begin{aligned} \rho_{xx}(v) &= \langle x_v,\ x \rangle \\ &= \int_{-\infty}^{\infty} x^*(t) x(t) \exp(\mathrm{j}2\pi vt) \mathrm{d}t \\ &= \int_{-\infty}^{\infty} s_{xx}(t) \exp(\mathrm{j}2\pi vt) \mathrm{d}t \end{aligned} \tag{2.4}$$

这里 $s_{xx}(t) = |x(t)|^2$ 代表信号的瞬时功率，(2.4)还可以表示为：

$$\rho_{xx}(v) = \int_{-\infty}^{\infty} X(f) X^*(f+v) \mathrm{d}f \tag{2.5}$$

$\rho_{xx}(v)$ 为频域自相关函数. 同时考虑信号的时移和频移，令：

$$\begin{aligned} x_{-\frac{\tau}{2},-\frac{v}{2}}(t) &= x\left(t-\frac{\tau}{2}\right)\exp\left(-\mathrm{j}2\pi\frac{v}{2}t\right) \\ x_{\frac{\tau}{2},\frac{v}{2}}(t) &= x\left(t+\frac{\tau}{2}\right)\exp\left(\mathrm{j}2\pi\frac{v}{2}t\right) \end{aligned} \tag{2.6}$$

(2.6)表示的两个信号的时频自相关函数为模糊函数（AF：Ambiguity Function），

$$\begin{aligned} AF_{xx}(\tau,\ v) &= \langle x_{\frac{\tau}{2},\frac{v}{2}},\ x_{-\frac{\tau}{2},-\frac{v}{2}} \rangle \\ &= \int_{-\infty}^{\infty} x^*\left(t-\frac{\tau}{2}\right) x\left(t+\frac{\tau}{2}\right) \exp(\mathrm{j}2\pi tv) \mathrm{d}t \end{aligned} \tag{2.7}$$

利用 Parseval 关系，公式(2.7)还可以表示为：

$$AF_{xx}(\tau,\ v) = \int_{-\infty}^{\infty} X\left(f-\frac{v}{2}\right) X^*\left(f+\frac{v}{2}\right) \exp(\mathrm{j}2\pi f\tau) \mathrm{d}f \tag{2.8}$$

模糊函数表达了信号本身与其时移和频移信号之间的相关性，它最早用于雷达信号分析，当雷达把一般目标视为“点”时，回波信号和发射信号相同，只是产生不同的时延 τ 和不同的频偏 v.

当信号在时域或频域变化时，引起其模糊函数产生相应的改变，模糊函数的性质详见表 2.1.

2.1.2 多分量 Chirp 信号的模糊函数表示

对于单分量 Chirp 信号 $x(t)=A\exp\left[\mathrm{j}2\pi\left(f_0t+\frac{1}{2}mt^2\right)\right]$，其模糊函数为：

$$AF_{xx}(\tau,\ v)=A\delta(v-m\tau)\exp(\mathrm{j}2\pi f_0\tau) \tag{2.9}$$

该信号的模糊函数在模糊平面是一条过原点的冲激直线，直线的斜率为 Chirp 信号的调频斜率，如图 2.1(a)所示.

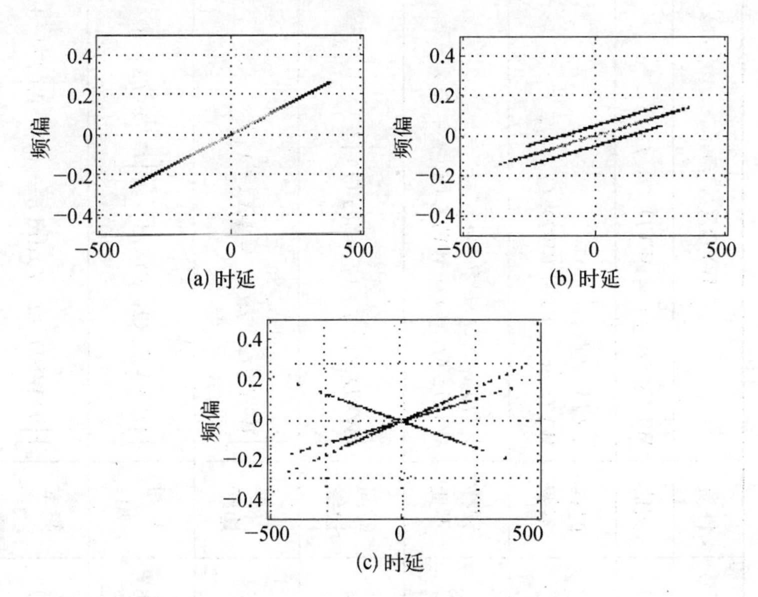

图 2.1 Chirp 信号的模糊函数表示

表 2.1　WVD 和模糊函数的数学性质

序号	性质	$WVD_x(t, f)$	$AF_{xx}(\tau, v)$
1	实值	$WVD_x^*(t, f) = WVD_x(t, f)$	$AF_{xx}^*(\tau, v) = AF_{xx}(\tau, v)$
2	时移不变	$\tilde{x}(t) = x(t-t_0) \Rightarrow$ $WVD_{\tilde{x}}(t, f) = WVD_x(t-t_0, f)$	$\tilde{x}(t) = x(t-t_0) \Rightarrow$ $AF_{\tilde{x}\tilde{x}}(\tau, v) = AF_{xx}(\tau, v)e^{j2\pi t_0 v}$
3	频移不变	$\tilde{x}(t) = x(t)e^{j2\pi f_0 t} \Rightarrow$ $WVD_{\tilde{x}}(t, f) = WVD_x(t, f-f_0)$	$\tilde{x}(t) = x(t)e^{j2\pi f_0 t} \Rightarrow$ $AF_{\tilde{x}\tilde{x}}(\tau, v) = AF_{xx}(\tau, v)e^{j2\pi f_0 \tau}$
4	时间边缘	$\int WVD_x(t, f)\mathrm{d}f = \vert x(t)\vert^2$	$AF_{xx}(0, v) = \int X(f+v)X^*(f)\mathrm{d}f$
5	频率边缘	$\int WVD_x(t, f)\mathrm{d}t = \vert X(f)\vert^2$	$AF_{xx}(\tau, 0) = \int x(t+\tau)x^*(t)\mathrm{d}t$
6	时间矩	$\iint t^n WVD_x(t, f)\mathrm{d}t\mathrm{d}f = \int t^n \vert x(t)\vert^2 \mathrm{d}t$	$\left(-\frac{1}{j2\pi}\right)^n \left[\frac{\mathrm{d}^n}{\mathrm{d}v^n} AF_{xx}(0, v)\right]_{v=0} = \int t^n \vert x(t)^2\vert \mathrm{d}t$
7	频率矩	$\iint f^n WVD_x(t, f)\mathrm{d}t\mathrm{d}f = \int f^n \vert X(f)\vert^2 \mathrm{d}f$	$\left(\frac{1}{j2\pi}\right)^n \left[\frac{\mathrm{d}^n}{\mathrm{d}\tau^n} AF_{xx}(\tau, 0)\right]_{\tau=0} = \int f^n \vert X(f)^2\vert \mathrm{d}f$

续 表

序号	性质	$WVD_x(t,f)$	$AF_{xx}(\tau,v)$
8	时频伸缩	$\tilde{x}(t)=\sqrt{\lvert c\rvert}x(ct)\Rightarrow$ $WVD_{\tilde{x}}(t,f)=WVD_x\left(ct,\frac{f}{c}\right)$	$\tilde{x}(t)=\sqrt{\lvert c\rvert}x(ct)\Rightarrow$ $AF_{\tilde{x}\tilde{x}}(\tau,v)=AF_{xx}\left(c\tau,\frac{v}{c}\right)$
9	瞬时频率	$f_i(t)=\frac{\int fWVD_x(t,f)\mathrm{d}f}{\int WVD_x(t,f)\mathrm{d}f}=\frac{1}{2\pi}\frac{\mathrm{d}}{\mathrm{d}t}\arg[x(t)]$	$f_i(t)=\frac{1}{\mathrm{j}2\pi}\cdot\frac{\int\left[\frac{\partial}{\partial\tau}AF_{xx}(\tau,v)\right]_{\tau=0}\mathrm{e}^{-\mathrm{j}2\pi\tau f}\mathrm{d}v}{\int AF_{xx}(0,v)\mathrm{e}^{-\mathrm{j}2\pi tv}\mathrm{d}v}$
10	群延时	$\tau_g(f)=\frac{\int tWVD_x(t,f)\mathrm{d}t}{\int WVD_x(t,f)\mathrm{d}t}=\frac{1}{2\pi}\frac{\mathrm{d}}{\mathrm{d}f}\arg[X(f)]$	$\tau_g(f)=-\frac{1}{\mathrm{j}2\pi}\cdot\frac{\int\left[\frac{\partial}{\partial v}AF_{xx}(\tau,v)\right]_{v=0}\mathrm{e}^{-\mathrm{j}2\pi\tau f}\mathrm{d}v}{\int AF_{xx}(\tau,0)\mathrm{e}^{-\mathrm{j}2\pi\tau f}\mathrm{d}\tau}$
11	有限时间	$x(t)=0(t\notin[t_1,t_2])\Rightarrow$ $WVD_x(t,f)=0(t\notin[t_1,t_2])$	$x(t)=0(t\notin[t_1,t_2])\Rightarrow$ $AF_{xx}(\tau,v)=0(\lvert\tau\rvert>t_2-t_1)$
13	酉性	$\langle WVD_{x_1y_1},WVD_{x_2y_2}\rangle=\langle x_1,x_2\rangle\langle y_1,y_2\rangle^*$	$\langle AF_{x_1y_1},AF_{x_2y_2}\rangle=\langle x_1,x_2\rangle\langle y_1,y_2\rangle^*$

续 表

序号	性质	$WVD_x(t, f)$	$AF_{xx}(\tau, v)$
14	卷积	$\tilde{x}(t)=\int x(t')h^*(t'-t)\,dt' \Rightarrow$ $WVD_{\tilde{x}}(t, f)=\int WVD_x(t', f)\cdot WVD_h^*(t'-t, f)\,dt'$	$\tilde{x}(t)=\int x(t')h^*(t'-t)\,dt' \Rightarrow$ $AF_{\tilde{x}\tilde{x}}(\tau, v)=\int AF_{xx}(\tau', v)AF_{hh}^*(\tau'-\tau, v)\,d\tau'$
15	乘积	$\tilde{x}(t)=x(t)h(t) \Rightarrow$ $WVD_{\tilde{x}}(t, f)=\int WVD_x(t, f')\cdot WVD_h^*(t, f'-f)\,df'$	$\tilde{x}(t)=x(t)h(t) \Rightarrow AF_x(\tau, v)=$ $\int AF_x(\tau, v')AF_h^*(\tau, v'-v)\,dv'$
16	傅立叶变换	$\tilde{x}(t)=\sqrt{\lvert c\rvert}X(ct) \Rightarrow$ $WVD_{\tilde{x}}(t, f)=WVD_x\left(-\frac{f}{c}, ct\right)$	$\tilde{x}(t)=\sqrt{\lvert c\rvert}X(ct) \Rightarrow$ $AF_{\tilde{x}}(\tau, v)=AF_x\left(-\frac{v}{c}, c\tau\right)$
17	Chirp卷积	$\tilde{x}(t)=x(t)*\sqrt{\lvert c\rvert}e^{j2\pi\frac{c}{2}t^2} \Rightarrow$ $WVD_{\tilde{x}}(t, f)=WVD_x\left(t-\frac{f}{c}, f\right)$	$\tilde{x}(t)=x(t)*\sqrt{\lvert c\rvert}e^{j2\pi\frac{c}{2}t^2} \Rightarrow$ $AF_{\tilde{x}\tilde{x}}(\tau, v)=AF_{xx}\left(\tau-\frac{v}{c}, v\right)$
18	Chirp乘积	$\tilde{x}(t)=x(t)e^{j2\pi\frac{c}{2}t^2} \Rightarrow$ $WVD_{\tilde{x}}(t, f)=WVD_x(t, f-ct)$	$\tilde{x}(t)=x(t)e^{j2\pi\frac{c}{2}t^2} \Rightarrow$ $AF_{\tilde{x}\tilde{x}}(\tau, v)=AF_{xx}(\tau, v-c\tau)$

对于多分量 Chirp 信号 $x(t)=\sum_{i=0}^{1}A_i\exp\left[\mathrm{j}2\pi\left(f_it+\frac{1}{2}m_it^2\right)\right]$(以两分量为例),其模糊函数为:

$$
\begin{aligned}
&AF_{xx}(\tau,\ v)\\
&=A_0\delta(v-m_0\tau)\exp(\mathrm{j}2\pi f_0\tau)+A_1\delta(v-m_1\tau)\exp(\mathrm{j}2\pi f_1\tau)+\\
&2A_0A_1\sqrt{\frac{2\pi}{|m_0-m_1|}}\exp\left\{\frac{\mathrm{j}2\pi v[(f_0-f_1)+f_1m_0\tau-f_0m_1\tau]}{m_0-m_1}\right\}\times\\
&\mathrm{Re}\left(\exp\left\{\frac{\mathrm{j}2\pi[m_0m_1\tau^2+v^2+(f_0-f_1)^2-v(m_0-m_1)\tau]}{2(m_0-m_1)-\pi/4}\right\}\right)
\end{aligned}
\tag{2.10}
$$

在(2.10)中,前两项是两个 Chirp 分量的自项,它是两条通过模糊平面原点的直线,直线的斜率是 Chirp 信号的调频斜率,最后一项是两个 Chirp 信号的交叉项,它远离模糊平面的原点,并且呈现振荡形式. 两个平行的 Chirp 信号的模糊函数如图 2.1(b)所示,由于它们具有相同的调频斜率,所以两个信号分量在模糊平面变成同一条通过原点的直线,另外两条线是交叉项. 一般地,对于具有 M 个不同线性调频成分的多分量 Chirp 信号,其模糊函数是通过模糊平面原点的多条直线,直线的斜率与线性调频信号的调频斜率 m_i, $i=0$, …, $M-1$ 相对应,同时,存在着 $M(M-1)/2$ 项的交叉项,这些交叉项远离模糊平面的原点,并且具有振荡形式. 由三个 Chirp 成分构成的信号的模糊函数如图 2.1(c)所示.

2.2 多分量 Chirp 信号的 WVD 表示

2.2.1 WVD 的定义与性质

令模糊函数中的 $v=0$,可以得到信号 $x(t)$ 的自相关函数:

$$
r_{xx}(\tau)=AF_{xx}(\tau,\ 0) \tag{2.1.1}
$$

利用自相关函数与能量谱密度的傅立叶变换关系，可以得到：

$$S_{xx}(f)=\int_{-\infty}^{\infty}r_{xx}(\tau)\exp(-\mathrm{j}2\pi f\tau)\mathrm{d}\tau$$
$$=\int_{-\infty}^{\infty}AF_{xx}(\tau,0)\exp(-\mathrm{j}2\pi f\tau)\mathrm{d}\tau \qquad (2.1.2)$$

另一方面，令模糊函数中的 $\tau=0$，可以得到频域自相关函数：

$$\rho_{xx}(v)=AF_{xx}(0,v) \qquad (2.1.3)$$

频域自相关函数的傅立叶变换是信号的瞬时功率，

$$s_{xx}(t)=\int_{-\infty}^{\infty}\rho_{xx}(v)\exp(-\mathrm{j}2\pi vt)\mathrm{d}v$$
$$=\int_{-\infty}^{\infty}AF_{xx}(0,v)\exp(-\mathrm{j}2\pi vt)\mathrm{d}v \qquad (2.1.4)$$

将式(2.1.2)和式(2.1.4)所表示的关系推广到二维，对模糊函数进行二维傅立叶变换就得到 WVD：

$$WVD_{x}(t,f)=\int_{-\infty}^{\infty}\int_{-\infty}^{\infty}AF_{xx}(\tau,v)\exp[-\mathrm{j}2\pi(tv+\tau f)]\mathrm{d}v\mathrm{d}\tau \qquad (2.1.5)$$

WVD 将一维时间信号影射到时间和频率的二维平面，从瞬时功率 $s_{xx}(t)$ 和频谱密度函数 $S_{xx}(f)$ 的物理意义可知，WVD 表示了信号的能量同时随时间和频率的分布情况. 同平稳信号一样，非平稳信号的相关域表示与能量域表示也存在着二维傅立叶变换关系.

对模糊函数进行二维傅立叶变换，等价于分别对变量 τ 和变量 v 相继进行两个一维傅立叶变换，模糊函数关于变量 v 的傅立叶变换产生瞬时相关函数：

$$k_{xx}(t,\tau)=\int_{-\infty}^{\infty}AF_{xx}(\tau,v)\exp(-\mathrm{j}2\pi vt)\mathrm{d}v$$
$$=x^{*}\left(t-\frac{\tau}{2}\right)x\left(t+\frac{\tau}{2}\right) \qquad (2.1.6)$$

模糊函数关于变量 τ 的傅立叶变换产生点谱相关函数：

$$K_{XX}(f,\ v)=\int_{-\infty}^{\infty}AF_{xx}(\tau,\ v)\exp(-\mathrm{j}2\pi f\tau)\mathrm{d}\tau$$
$$=X^{*}\left(f-\frac{v}{2}\right)X\left(f+\frac{v}{2}\right) \tag{2.1.7}$$

根据式(2.1.6)和(2.1.7)，则 WVD 的另外两种表达形式分别为：

$$WVD_{x}(t,\ f)=\int_{-\infty}^{\infty}k_{xx}(t,\ \tau)\exp(-\mathrm{j}2\pi f\tau)\mathrm{d}\tau$$
$$=\int_{-\infty}^{\infty}x\left(t+\frac{\tau}{2}\right)x^{*}\left(t-\frac{\tau}{2}\right)\exp(-\mathrm{j}2\pi f\tau)\mathrm{d}\tau \tag{2.1.8}$$

和

$$WVD_{x}(t,\ f)=\int_{-\infty}^{\infty}K_{XX}(f,\ v)\exp(-\mathrm{j}2\pi vt)\mathrm{d}v$$
$$=\int_{-\infty}^{\infty}X\left(f+\frac{v}{2}\right)X^{*}\left(f-\frac{v}{2}\right)\exp(-\mathrm{j}2\pi vt)\mathrm{d}v \tag{2.1.9}$$

WVD 反映了信号的能量在时频平面的分布情况，作为能量型的时频分布，WVD 还满足其他一些数学性质[22, 67]. 鉴于 WVD 和模糊函数是两种具有不同性质的时频表示，且两者为二维傅立叶变换关系，作为对比，表 2.1 同时给出了 *WVD* 和模糊函数的数学性质.

2.2.2 单分量 Chirp 信号的 *WVD*

对于单分量 Chirp 信号 $x(t)=A\exp\left[\mathrm{j}2\pi\left(f_{0}t+\frac{1}{2}mt^{2}\right)\right]$，其 WVD 为：

$$WVD_x(t, f) = A^2\delta[-(f_0 + mt)] \tag{2.20}$$

该信号的时域、频域、WVD的时频空间和时频平面表示如图2.2(a)(b)(c)(d)所示.由图2.2可见,单分量Chirp信号时域波形,其频率随时间线性增加,频域表示则给出了频率变化范围,表明Chirp信号是个宽带信号,但并没有揭示其频率线性增加的过程.有限长Chirp信号的WVD在时频空间呈现背鳍状,其能量分布在它的瞬时频率的直线 $f = f_0 + mt$ 上,WVD同时也描述了信号的频率随时间的变化规律,在时频平面,Chirp信号是一条直线,直线的斜率是它的线性调频斜率,直线的截距为其初始频率,因此,从最好的时频聚集性和最佳展现Chirp信号的频率调制规律角度讲,WVD对单分量Chirp信号是理想的时频表示工具.实际上,尽管单分量 $x(t) =$ Chirp信号是非平稳的,但其二次型 $x\left(t+\dfrac{\tau}{2}\right)x^*\left(t-\dfrac{\tau}{2}\right)$ 却是平稳的,故Chirp信号的WVD在时频平面呈现直线是WVD的二次型结构定义的直接结果.对于多项式相位信号,可以证明只有当多项式的阶数是二阶时,即线性Chirp信号的WVD才具有完美的时频局部性.

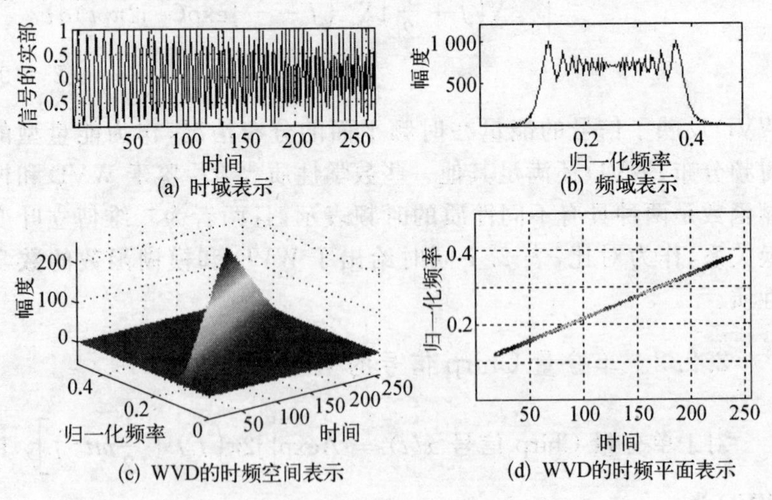

图2.2 单分量Chirp信号的时域、频域、WVD表示

2.2.3 多分量 Chirp 信号的 *WVD* 及其交叉项

因为双线性变换不满足线性叠加原理,即多分量信号的 WVD 不等于单分量信号的 WVD 的线性叠加,而是满足二次叠加原理,若令:

$$x(t)=c_1x_1(t)+c_2x_2(t) \tag{2.21}$$

则其 WVD 满足二次叠加原理:

$$\begin{aligned}WVD_x(t,\ f)=&|c_1|^2WVD_{x_1}(t,\ f)+|c_2|^2WVD_{x_2}(t,\ f)+\\&c_1c_2^*WVD_{x_1x_2}(t,\ f)+c_2c_1^*WVD_{x_2x_1}(t,\ f)\end{aligned} \tag{2.22}$$

前两项代表信号的自时频分布,简称信号项,后两项是 $x_1(t)$ 和 $x_2(t)$ 的互时频分布,即交叉项,交叉项在多数情况下是有害的,故称之为交叉干扰项. 一般地,对于由 M 个分量组成的信号,将包含 M 个信号项及 $M(M-1)/2$ 个交叉项,且交叉项的个数随信号分量的增加以二次函数的形式增加. 由于实信号除正频分量外,还有负频分量,相当于一个两分量信号,所以,在时频分析中一般不用实信号而用其解析信号.

为了说明多分量 Chirp 信号的 WVD 的交叉项特点,我们以同一信号的时移、频移产生的两个信号为例,即:

$$\begin{aligned}&x(t)=\mathrm{e}^{\mathrm{j}2\pi(f_0t+1/2mt^2)},\\&x_1(t)=x(t-t_1)\mathrm{e}^{\mathrm{j}2\pi f_1t},\ x_2(t)=x(t-t_2)\mathrm{e}^{\mathrm{j}2\pi f_2t}\end{aligned} \tag{2.23}$$

可以得到 $x_1(t)$和 $x_2(t)$之和的 WVD 的解析表示式:

$$\begin{aligned}WVD_{x_1+x_2}(t,\ f)=&2\pi\delta(2\pi f-2\pi(f_1+f_0)-m(t-t_1))+\\&2\pi\delta(2\pi f-2\pi(f_2+f_0)-m(t-t_2))+\\&4\pi\delta(2\pi-2\pi(f_0+f_m)-m(t-t_m))\cdot\end{aligned}$$

$$\cos[2\pi f_d(t-t_m)-2\pi t_d(f-f_m)+2\pi f_d t_m]$$
(2.24)

式中：$t_m=(t_1+t_2)/2$，$f_m=(f_1+f_2)/2$，$t_d=t_1-t_2$，$f_d=f_1-f_2$，两个Chirp信号的WVD的交叉项位于两个信号的时间和频率的中点处，呈现振荡的形式，振荡的方向垂直于两个信号的连线，振荡的频率正比于两信号的时间差与频率差，振荡的幅度是信号项的两倍，且振荡的频率随两信号在时频平面的距离的减少而增加.

2.2.4 仿真实验与结论

对两个平行的Chirp信号，归一化的初始频率和终止频率分别为(0.05,0.25)和(0.3,0.5)，数据长度为128，作出其WVD的时频空间和时频平面表示如图2.3(a)(b)所示，由于两个信号有相同的调频斜率，其信号项的WVD在时频平面是两条平行的直线，如前面所分析的那样，交叉项位于两条直线的中间呈振荡形式.对于两个交叉的Chirp信号，一个Chirp的频率从0.1线性增加到0.4，另一个从0.5线性减小到0.1，其WVD的时频空间和时频平面表示如图2.3(c)(d)所示，除两个相互交叉的信号项外，还存在着严重的内交叉项，内交叉项仍然呈现振荡形式，振荡的幅度随信号分量间的距离减少而增加，且交叉项的位置出现在两个信号相互相交的四个部分里.对于四个Chirp信号，其初始频率和终止频率分别为(0.05, 0.25)，(0.3, 0.5)，(0.5, 0.1)，(0.05, 0.4)，它们在时频平面既平行又交叉，交叉项分布于其中，如图2.3(e)、(f)所示，从其时频分布图中，虽可勉强辨别出信号项和交叉项，但随着信号分量的增加，交叉项将变得更加严重，尤其当噪声存在时，信号将淹没在噪声和交叉项之中，从而无法正确识别.

交叉项除模糊时频分辨率、降低时频分布的可读性外，还有以下几个危害：

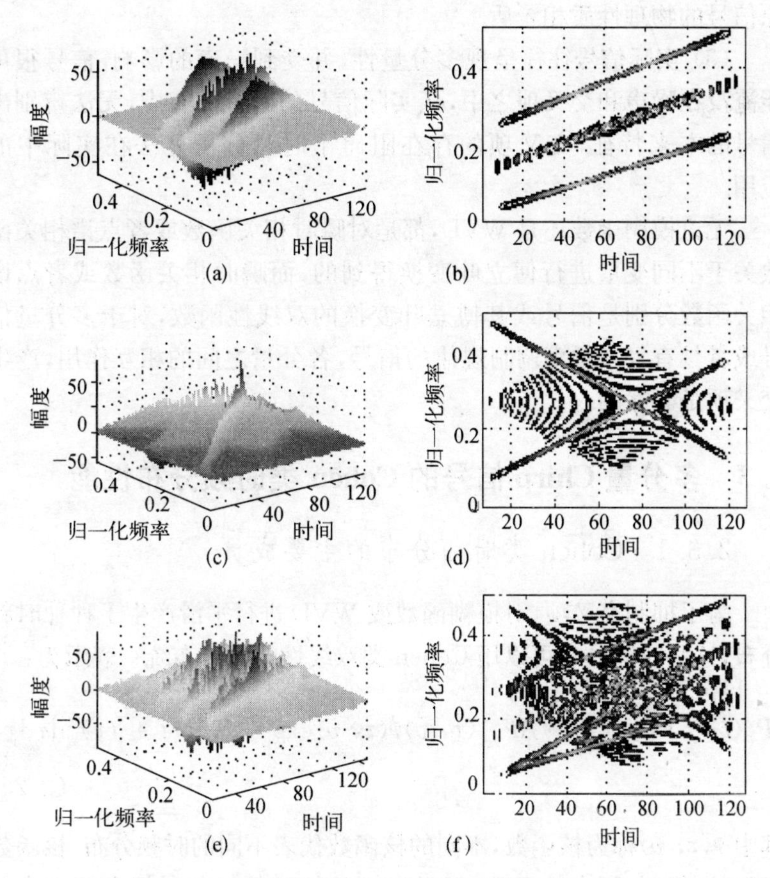

图 2.3　多分量 Chirp 信号的 WVD 及其交叉项

(1) 作为能量分布，WVD 应该是恒正的，而多分量 Chirp 信号的 WVD 却出现了负值，如图 2.3 的(a)(c)(e)所示，振荡形式的交叉项违背了 WVD 的恒正特性，从而使对 WVD 的物理意义的解释产生了困难.

(2) 时频分布的信号项产生于每个信号分量本身，它们与时频分布具有的有限信号支撑的物理性质是一致的，而交叉项的位置出现在原本不存在信号的地方，破坏了 WVD 的有限支撑区特性，这也与原信号的物理性质相矛盾.

(3) 实际信号往往呈现多分量性,并受到噪声的影响,信号很可能淹没在噪声和交叉项之中,从实际信号的时频分布中,无法辨别出信号的本来特征,交叉项的存在阻碍了时频分析方法在实际中的应用.

无论模糊函数还是 WVD,都是对瞬时相关函数或者点谱相关函数关于不同变量进行傅立叶变换得到的,而瞬时相关函数或者点谱相关函数分别是信号或其傅立叶变换的双线性函数,对于多分量信号或者具有复杂频率调制规律的信号,各分量之间的相互作用,产生交叉项是必然的.

2.3 多分量 Chirp 信号的 Cohen 类时频分布性能

2.3.1 Cohen 类时频分布的主要成员

为了抑制交叉项,对模糊函数或 WVD 进行平滑产生了种种时频分布,这些时频分布可以用 Cohen 类双线性时频分布统一表示为:

$$P_x(t,\ f)=\int_{-\infty}^{\infty}\int_{-\infty}^{\infty}AF_{xx}(\tau,\ v)\phi(\tau,\ v)\exp[-\mathrm{j}2\pi(vt+f\tau)]\mathrm{d}v\mathrm{d}\tau \tag{2.25}$$

其中 $\phi(\tau,\ v)$ 称为核函数,不同的核函数代表不同的时频分布. 核函数可以是时间与频率的函数,但最常用的核函数是与时间和频率无关而仅是时延 τ 和频偏 v 的函数,即 Cohen 类双线性时频分布具有时移不变性和频移不变性. 此外,作为信号的能量分布,$P_x(t,\ f)$ 在数学上还应该满足许多性质,这些性质体现在对核函数的约束条件上[22, 68, 69],时频分布所希望的数学性质及对核函数的约束条件如表 2.2 所示. 实际上,并不是所有的时频分布都能满足表中所有的性质,根据具体的应用场合,某些性质是不可缺的. 应该指出,作为能量密度表示,时频分布不仅应该是实的,而且应当是非负的. 但是,实际

表 2.2 时频分布所希望的数学性质及对核函数的约束条件

序号	名称	性质	对核函数的限制
P1	实值	$P_x^*(t, f) = P_x(t, f)$	$\phi^*(-\tau, -v) = \phi(\tau, v)$
P2	时移不变	$\tilde{x}(t) = x(t-t_0) \Rightarrow$ $P_{\tilde{x}}(t, f) = P_x(t-t_0, f)$	总是满足
P3	频移不变	$\tilde{x}(t) = x(t)e^{j2\pi f_0 t} \Rightarrow$ $P_{\tilde{x}}(t, f) = P_x(t, f-f_0)$	总是满足
P4	时间边缘	$\int_{-\infty}^{\infty} P_x(t, f)\mathrm{d}f = \|x(t)\|^2$	$\phi(0, v) = 1$
P5	频率边缘	$\int_{-\infty}^{\infty} P_x(t, f)\mathrm{d}t = \|X(f)\|^2$	$\phi(\tau, 0) = 1$
P6	时间距	$\int_{-\infty}^{\infty}\int_{-\infty}^{\infty} t^n P_x(t, f)\mathrm{d}t\mathrm{d}f = \int_{-\infty}^{\infty} t^n \|x(t)\|^2 \mathrm{d}t$	$\phi(0, v) = 1$
P7	频率距	$\int_{-\infty}^{\infty}\int_{-\infty}^{\infty} f^n P_x(t, f)\mathrm{d}t\mathrm{d}f = \int_{-\infty}^{\infty} f^n \|X(f)\|^2 \mathrm{d}f$	$\phi(\tau, 0) = 1$
P8	时频比例	$\tilde{x}(t) = \sqrt{\|c\|}x(ct) \Rightarrow$ $P_{\tilde{x}}(t, f) = P_x\left(ct, \frac{f}{c}\right), c \neq 0$	$\phi\left(c\tau, \frac{v}{c}\right) = \phi(\tau, v), c \neq 0$
P9	瞬时频率	$f_i(t) = \frac{\int_{-\infty}^{\infty} fP_x(t, f)\mathrm{d}f}{\int_{-\infty}^{\infty} P_x(t, f)\mathrm{d}f} = \frac{1}{2\pi}\frac{\mathrm{d}}{\mathrm{d}t}\arg[x(t)]$	$\phi(0, v) = 1$ $\frac{\partial}{\partial\tau}\phi(\tau, v)\|_{\tau=0} = 0$

续 表

序号	名称	性质	对核函数的限制
P10	群延迟	$\tau_g(f)=\dfrac{\int_{-\infty}^{\infty}tP_x(t,f)\mathrm{d}t}{\int_{-\infty}^{\infty}P_x(t,f)\mathrm{d}t}=\dfrac{1}{2\pi}\dfrac{\mathrm{d}}{\mathrm{d}f}\arg[X(f)]$	$\phi(\tau,0)=1$ $\dfrac{\partial}{\partial v}\phi(\tau,v)\vert_{v=0}=0$
P11	有限时间支撑	$x(t)=0(\vert t\vert>t_0)\Rightarrow$ $P_x(t,f)=0(\vert t\vert>t_0)$	$\varphi(t,\tau)=0,\ \left\vert\dfrac{t}{\tau}\right\vert>\dfrac{1}{2}$
P12	有限频率支撑	$X(f)=0(\vert f\vert>f_0)\Rightarrow$ $P_x(t,f)=0(\vert f\vert>f_0)$	$\psi(f,v)=0,\ \left\vert\dfrac{f}{v}\right\vert>\dfrac{1}{2}$
P13	酉性	$\langle P_{x_1,y_1},P_{x_2,y_2}\rangle=\langle x_1,x_2\rangle\langle y_1,y_2\rangle^*$	$\vert\phi(\tau,v)\vert\equiv1$
P14	卷积性	$\tilde{x}(t)=\int_{-\infty}^{\infty}x(t')h^*(t'-t)\mathrm{d}t'\Rightarrow$ $P_{\tilde{x}}(t,f)=$ $\int_{-\infty}^{\infty}P_x(t',f)P_h^*(t'-t,f)\mathrm{d}t'$	$\phi(\tau_1+\tau_2,v)=$ $\phi(\tau_1,v)\phi(\tau_2,v)$
P15	乘积性	$\tilde{x}(t)=x(t)h(t)\Rightarrow P_{\tilde{x}}(t,f)=$ $\int_{-\infty}^{\infty}P_x(t,f')P_h^*(t,f'-f)\mathrm{d}f'$	$\phi(\tau,v_1+v_2)=$ $\phi(\tau,v_1)\phi(\tau,v_2)$
P16	傅立叶变换	$\tilde{x}(t)=\sqrt{\vert c\vert}X(ct),\ c\neq0\Rightarrow$ $P_{\tilde{x}}(t,f)=P_x\left(-\dfrac{f}{c},ct\right)$	$\phi\left(-\dfrac{v}{c},c\tau\right)=$ $\phi(\tau,v),\ c\neq0$
P17	Chirp卷积	$\tilde{x}(t)=x(t)^*\sqrt{\vert c\vert}\mathrm{e}^{\mathrm{j}2\pi\frac{c}{2}t^2}\Rightarrow$ $P_{\tilde{x}}(t,f)=P_x\left(t-\dfrac{f}{c},f\right)$	$\phi\left(\tau-\dfrac{v}{c},v\right)=$ $\phi(\tau,v),c\neq0$
P18	Chirp乘积	$\tilde{x}(t)=x(t)\mathrm{e}^{\mathrm{j}2\pi\frac{c}{2}t^2}\Rightarrow$ $P_{\tilde{x}}(t,f)=P_x(t,f-ct)$	$\phi(\tau,v-c\tau)=$ $\phi(\tau,v),\ c\neq0$

使用的时频分布却难以保证每一时刻都取正值，这样，在严格意义上讲，时频分布不能被解释为信号在时间 t 和频率 f 处的瞬时能量谱密度，可以认为 $P_x(t, f)$ 是信号在时间间隔 $(t-\Delta t/2, t+\Delta t/2)$ 内流过谱窗口 $(f-\Delta f/2, f+\Delta f/2)$ 的能量的测度.

为了便于研究时频分布的数学性质、设计核函数、解释交叉项抑制机理、实现数值计算等，常将核函数的形式进行变换，除了模糊函数域外，还有时间相关域、谱相关域和时频域三种核函数的表示形式：

$$\varphi(t, \tau) = \int_{-\infty}^{\infty} \phi(\tau, v)\exp(-\mathrm{j}2\pi t v)\mathrm{d}v \tag{2.26}$$

$$\Psi(f, v) = \int_{-\infty}^{\infty} \phi(\tau, v)\exp(-\mathrm{j}2\pi f\tau)\mathrm{d}\tau \tag{2.27}$$

$$\Phi(t, f) = \int_{-\infty}^{\infty}\int_{-\infty}^{\infty} \phi(\tau, v)\exp[-\mathrm{j}2\pi(tv + f\tau)]\mathrm{d}v\mathrm{d}\tau \tag{2.28}$$

不同域表示的核函数都具有各自的特点，适合于不同的场合，四种形式的核函数之间的关系如图 2.4(a)所示. 相应地，将对应的核函数分别作用于瞬时相关函数、点谱相关函数和 WVD，得到 Cohen 类时频分布的另外三种表示形式：

$$P_x(t, f) = \int_{-\infty}^{\infty}\int_{-\infty}^{\infty} k_{xx}(t, \tau)\phi(t-u, \tau)\exp(-\mathrm{j}2\pi f\tau)\mathrm{d}u\mathrm{d}\tau \tag{2.29}$$

$$P_x(t, f) = \int_{-\infty}^{\infty}\int_{-\infty}^{\infty} K_{XX}(f, v)\Psi(f-\xi, v)\exp(\mathrm{j}2\pi v t)\mathrm{d}\xi\mathrm{d}v \tag{2.30}$$

$$P_x(t, f) = \int_{-\infty}^{\infty}\int_{-\infty}^{\infty} WVD_x(t, f)\Phi(t-u, f-\xi)\mathrm{d}u\mathrm{d}\xi \tag{2.31}$$

Cohen 类四种不同表示形式是等价的，且均有各自的物理意义，也是

对 $P_x(t, f)$从不同角度的解释，其相互关系如图 2.4(b)所示，核函数的作用形式有乘积形式也有卷积形式，这如同滤波处理在频域中用乘积而在时域中用卷积一样，都是由傅立叶变换的性质决定的. Cohen 类时频分布不仅具有能量域解释和相关域解释的双重性，还具有完美的统一性和规律性[70].

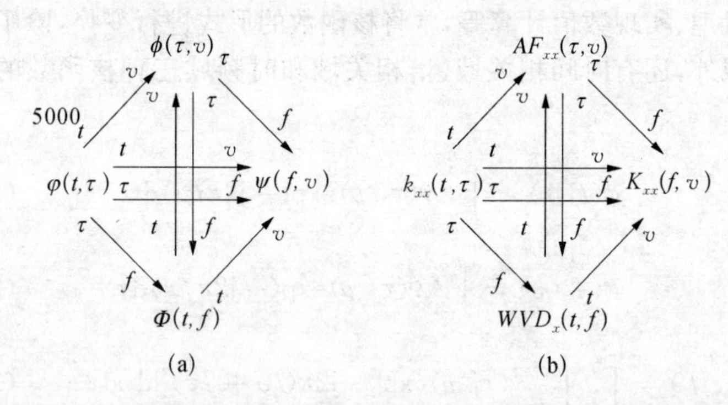

图 2.4　四种形式的核函数及相应的 Cohen 类时频分布的关系

在统一表示的 Cohen 类时频分布中，不同的时频分布体现在的核函数上，不同的核函数导致其时频分布聚集性的差异和对交叉项的抑制程度的不同. 由式(2.25)可知，当核函数取 $\phi(\tau, v) = 1$，即在整个模糊平面都不进行平滑，则 Cohen 类时频分布就退化为 WVD；当核函数取 $\phi(\tau, v)=h(\tau)$，仅对变量 τ 加窗截取来减小交叉项，得到的是伪 WVD，即 PWVD：

$$PWVD_x(t, f) = \int_{-\infty}^{\infty} x\left(t+\frac{\tau}{2}\right)x^*\left(t-\frac{\tau}{2}\right)h(\tau)\exp(-\mathrm{j}2\pi f\tau)\mathrm{d}\tau$$

$$=WVD_x(t, f) \overset{f}{*} H(f) \tag{2.32}$$

显然 PWVD 只能平滑掉变量 τ 方向的交叉项，并且使 v 方向上的分辨率降低. 如果在 τ 方向和 v 方向同时用窗截取，可以平滑掉两个方向上的交叉项，则得到的是平滑的伪 WVD，即 SPWVD：

$$SPWVD_x(t, f) = \int_{-\infty}^{\infty}\int_{-\infty}^{\infty} x\left(t-u+\frac{\tau}{2}\right)x^*\left(t-u-\frac{\tau}{2}\right)g(u)h(\tau)\exp(-\mathrm{j}2\pi f\tau)\mathrm{d}\tau\mathrm{d}u \tag{2.33}$$

如果直接对 *WVD* 在时频两个方向进行滤波，则得到平滑 *WVD*，即 *SWVD*：

$$SWVD_x(t, f) = WVD_x \overset{t}{*} \overset{f}{*} G(t, f) \tag{2.34}$$

这里 $\overset{t}{*}\overset{f}{*}$ 表示对时间和频率的二维卷积，$G(t, f)$是平滑滤波器，可以将谱图看作是 SWVD 的特例，即

$$\begin{aligned} SPEC_x(t, f) &= |STFT_x(t, f)|^2 \\ &= \int_{-\infty}^{\infty} x(u)\gamma^*(u-t)\exp(-\mathrm{j}2\pi fu)\mathrm{d}u \cdot \\ &\quad \int_{-\infty}^{\infty} x^*(l)\gamma^*(l-t)\exp(\mathrm{j}2\pi fl)\mathrm{d}l \\ &= WVD_x(t, f) \overset{t}{*}\overset{f}{*} WVD_\gamma(-t, f) \end{aligned} \tag{2.35}$$

式中 $WVD_\gamma(-t, f)$是 STFT 中的窗函数 $\gamma(t)$的 *WVD* 的时间反转形式.

除以上几种分布外，Cohen 类时频分布还有许多成员，这些分布的核函数和满足的性质我们归纳、整理、验证如表 2.3 所示.

从表 2.3 可以看出，没有一个核函数同时满足时频分布的所期望的性质，也就是说没有一个时频分布对于所有的用途都是完美的，固定的核函数决定了每一种分布可能对某一类信号很理想而对另一类信号却不适合，以下我们用几种主要的 Cohen 类时频分布，从交叉项抑制、时频聚集性和分量间的可分辨性等方面，研究它们对多分量 Chirp 信号的时频表示性能.

表 2.3　Cohen 类时频分布的主要成员的核函数及其满足的数性质

序号	时频分布	核函数 $\phi(\tau,v)$	满足的性质
1	Born-Jordan 分布(BJD)	$\sin(\pi\tau v)/\pi\tau v$	P1～P12，P16
2	减少交叉项分布(RID)	$S(\tau v)$	P1～P12，P15(当 $S(\beta)$ 为偶函数)
3	Choi-Willians 分布(CWD)	$\exp\left(\frac{(2\pi\tau v)^2}{\sigma}\right)$	P1～P10，P16
4	ZAM 核分布(ZAMD)	$g(\tau)\lvert\tau\rvert\frac{\sin(\pi\tau v)}{(\pi\tau v)}$	P1(若 $g(\tau)$ 为偶数) P2，P3，P11
5	Page 分布(PD)	$\exp(-j\pi\lvert\tau\rvert v)$	P1～P7，P11，P13，P15
6	广义 Wigner 分布(GWD)	$\exp(j2\pi\alpha\gamma v)$	P2～P8，13～15，P11～P12 $\lvert\alpha\rvert<1/2$
7	Levin 分布(LD)	$\exp(j\pi\lvert\tau\rvert v)$	P1～P7，P11，P13，P15
8	Margenau-Hill 分布(MHD)	$\cos(\pi\tau v)$	P1～P10，P16
9	组合核分布(CKD)	$\exp(-2\pi^2\tau^2v^2/\sigma^2)\cos2\pi\beta\tau v$	P1～P10，P16
10	Rihaczek 分布(RD)	$\exp(j\pi\tau v)$	P2～P8，P11～P15
11	广义指数分布(GED)	$\exp(-\lvert\tau\rvert^q\lvert v\rvert^p/\sigma)$	P1～P7

续 表

序号	时 频 分 布	核函数$\phi(\tau,v)$	满 足 的 性 质
12	多形式可倾斜指数分布(MTED)	$\exp\left\{-\pi\left[\left(\frac{\tau}{\tau_0}\right)^2\left(\frac{v}{v_0}\right)^{2\alpha}+\left(\frac{\tau}{\tau_0}\right)^{2\alpha}\left(\frac{v}{v_0}\right)^2+2\gamma\left(\frac{\tau}{\tau_0}\frac{v}{v_0}\right)^{\beta\gamma}\right]^{2\lambda}\right\}$	P1～P3
13	Bessel Kernel 分布(BKD)	$J_1(2\pi\alpha\tau v)/\pi\alpha\tau v$	P1～P9
14	Butterworth 核分布(BUD)	$\frac{1}{1+\left(\frac{\tau}{\tau_0}\right)^{2M}\left(\frac{v}{v_0}\right)^{2N}}$	P1～P7, P8$M=N$) P9($M>1/2$), P10($N>1/2$) P16($M=N$)
15	可倾斜的高斯核分布(TGD)	$\exp\left\{-\pi\left[\left(\frac{\tau}{\tau_0}\right)^2+\left(\frac{v}{v_0}\right)^2+2\gamma\left(\frac{\tau}{\tau_0}\frac{v}{v_0}\right)\right]\right\}$	P1～P3

2.3.2 交叉项特点与交叉项抑制的局限性

在所有的Cohen类时频分布中,对交叉项抑制效果较好的是谱图,由于它在模糊平面固有的低通滤波作用,使谱图的交叉项有时不是很明显,甚至被认为谱图中不存在交叉项.但事实上并非如此,对式(2.2.13)定义的两个分量Chirp信号,可以得到其谱图的表达式为[71]:

$$SPEC_x(t,f)=|STFT_x(t,f)|^2$$
$$=|STFT_{x_1}(t,f)|^2+|STFT_{x_2}(t,f)|^2+$$

$$
\begin{aligned}
&2|STFT_{x_1}(t,\ f)||STFT_{x_2}(t,\ f)|\times\\
&\cos\Big[\pi t(f_1-f_2)-\pi f(t_1-t_2)+\pi(f_1t_1-f_2t_2)+\\
&\Big(\psi_{x,h}\Big(\frac{t-t_1}{2},\ \frac{f-f_1}{2}\Big)-\psi_{x,h}\Big(\frac{t-t_2}{2},\ f\frac{f-f_2}{2}\Big)\Big)\Big]
\end{aligned}
\tag{2.36}
$$

这里 $\psi_{x,h}(.,.)$ 为两个信号交叉的 WVD 的相位，与 WVD 的交叉项不同，谱图的交叉项发生在两个信号的 STFT 的重叠区域，交叉项的幅度的最大值是两个信号 STFT 幅度乘积的两倍，交叉项的频率不仅与两个信号的中心时间和中心频率有关，还与两个信号交叉的 WVD 的相位有关. 如果两个信号的 STFT 没有重叠，则谱图中不存在交叉项. 所以，根据待分析信号的结构和分析窗的长度，谱图中的交叉项可能部分被抑制，甚至被完全消除，但有时也可能是很严重的.

为了说明谱图中交叉项与信号的结构和分析窗长的关系，我们作如下的仿真实验，图 2.5(a)(b)所示的是同一个信号在不同窗长下的谱图，信号由两个 Chirp 分量组成，其归一化的初始频率和终止频率分别是(0.15, 0.25)和(0.25, 0.5)，数据长度为 128. 图 2.5(a) 是采用长度为 31 点的汉明窗作为分析窗，由于两个分量相距较远，且采用了适当长度的分析窗，则谱图中不存在交叉项，而图 2.5(b)是同一个信号的谱图，但采用长度为 11 点的汉明窗作为分析窗，较短的分析窗使谱图在频率方向上仍存在交叉项. 图 2.5(c)的两个 Chirp 分量的归一化的初始频率和终止频率分别是(0.15, 0.35)，(0.25, 0.45)，这两个分量在时频平面相距较近，尽管仍采用长度为 31 点的汉明窗作为分析窗，其谱图中仍存在交叉项. 图 2.5(d)中是两个交叉的 Chirp 信号的谱图，一个分量的归一化的初始频率和终止频率是(0.5, 0.15)，另一个是(0.15, 0.4)，采用长度为 11 点的汉明窗，在两个分量的相交部分交叉项较严重.

除谱图外，对于由三个 Chirp 分量构成的信号，作出其主要的几

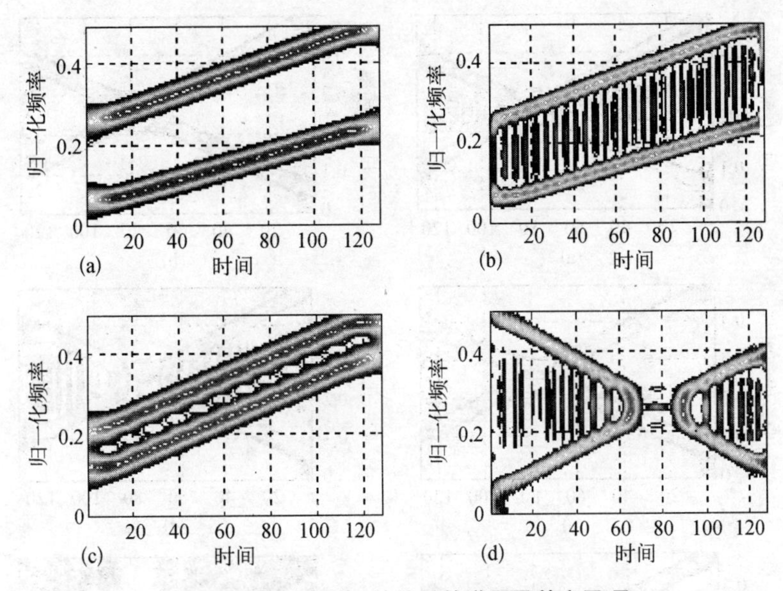

图 2.5 两个 Chirp 的信号的谱图及其交叉项

种 Cohen 类时频分布如图 2.6 所示，这三个 Chirp 分量的初始频率和终止频率分别是(0.4, 0.1)，(0.1, 0.4)和(0.15, 0.45)，时间采样点数为 256，为了比较交叉项的抑制效果，这几种分布均使用同一类型同一长度的分析窗，两个方向上的分析窗一个是长度为 27 点的 Kaiser 窗，另一个是长度为 31 点的 Hanming 窗. 由图可见，SPWVD、CWD 和 ZAMD 对相距较远的分量间的交叉项抑制效果较好，但是在两个 Chirp 相距较近或相交的部分仍存在一些交叉项；而 PWVD 和具有 Bessel 核的交叉项减少时频分布 RIDB 只能平滑掉一个方向上的交叉项，在另一个方向上仍存在交叉项，且对相距较近或相交的部分的交叉项无法抑制；MHD 对信号进行了不适当的平滑和分割，产生了大量的多余成分，故 MHD 不宜作 Chirp 信号的时频分析工具.

Cohen 类时频分布是为了平滑 WVD 的交叉项而提出的，通过以上几种主要的 Cohen 类时频分布对多分量 Chirp 信号的时频表示的仿真实验结果，可以看出，在适当的平滑窗长下，这些时频分布大都

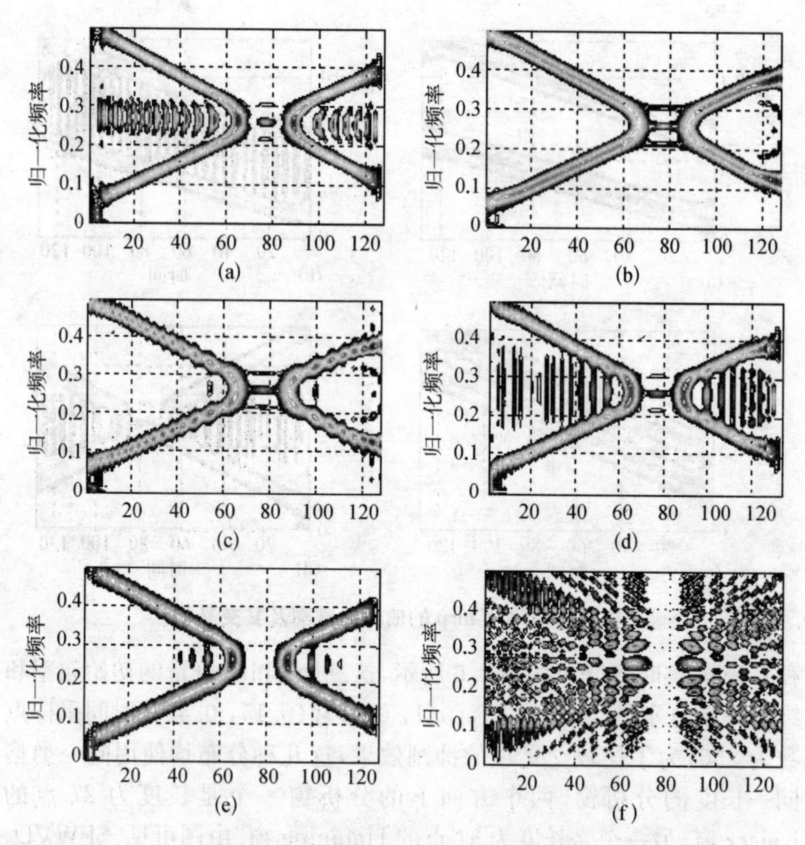

图 2.6 三分量 Chirp 信号的几种 Cohen 类时频分布及其交叉项

能在一定程度上减少交叉项干扰，但是对相距较近或相交的分量间的交叉项都不能有效地抑制，实际上，这可以通过核函数在模糊平面的形状与多分量 Chirp 信号在模糊平面的位置的关系得到解释，对于多分量 Chirp 信号，其信号项为过模糊平面原点的直线，交叉项分布离开模糊平面的原点. 而 WVD 的核函数在整个模糊平面处处为 1，即对信号不作任何平滑，所以其交叉项最严重；PWVD 仅在 τ 方向上平滑，所以它能抑制在该方向的交叉项，并使 v 方向的分辨率降低；而 SPWVD、谱图的核函数与所选用的窗函数的模糊函数有关，如果分析窗与信号的成分匹配,则相应的匹配滤波器对所分析的信号有完美的表示,否则给出的是一个畸变的表示;CWD 和 ZAMD 的核函数集中在 τ 轴和 v 轴周围,而多分量 Chirp 信号,其自项为过模糊平面原点的直线,大量的能量既没有落在 τ 轴附近,也没有位于 v 轴周围,它们与 CWD 和 ZAMD 的核函数的形状不匹配,所以用 CWD 和 ZAMD 表示多分量 Chirp 信号是不合适的.

通过仿真实验和理论分析可以得到如下结论:

(1) 虽然 WVD 对单分量 Chirp 信号的时频表示几乎是完美的,在时频平面其能量分布在位于其瞬时频率的曲线上,而对于多分量 Chirp 信号,其 WVD 的交叉项是固有的,且危害是严重的.

(2) 尽管谱图中的交叉项有时不明显、甚至能完全被清除,但谱图中也的确存在交叉项,这取决于信号的结构和所选用的分析窗. 如果分析窗与某一个信号成分匹配,则对信号有较好的表示,但对不匹配的信号成分,给出的是一个畸变的表示. 由于分析窗的长度和形状同时控制着二维滤波在时频两个方向上的扩展,不确定原理决定了时频分辨率不可能同时在两个方向上任意地变窄,时间和频率分辨率之间有一个权衡,对于 Chirp 类型信号,若频率成分相近,但发生的时间位置不同,应当选用短窗;相反,若两个 Chirp 信号在时间上重叠而频率差异较大,宜选用长窗. 但对于多分量 Chirp 信号,各个分量之间的相对位置是复杂的,预先是无法知道的,故最佳窗长的选择还是比较困难的.

(3) 对于 CWD 和 ZAMD,如果待分析信号的模糊函数的自项位于 τ 轴或 v 轴附近,与核函数分布一致,对于这样的信号如脉冲信号,表示性能较好,而对于多成分的 Chirp 信号,其自项为过原点的直线,大量的能量既没有落在 τ 轴附近,也没有位于 v 轴周围,所以用 ZAMD 或 CWD 表示的多分量 Chirp 信号不合适.

(4) RID 在模糊平面有一个交叉形状的核函数,如果 Chirp 信号的模糊函数位于 45 度的对角线上,与核函数没有交叉和贯穿,时频分布的时频分辨率较低;如果交叉项位于 τ 轴或者 v 轴上,则 RID 并不能抑制交叉项,因此,RID 对 Chirp 型信号的交叉项减少是有限制的.

(5) MHD 对信号作了不适当的平滑和分割,产生了大量的多余成分,所以 MHD 也不宜作 Chirp 信号的时频分析工具.

(6) 分量之间的相对位置可能造成交叉项与信号项之间的重叠,以上通过核函数平滑的方法都不能抑制这样的交叉项.

2.3.3 时频聚集性比较

时频分布的提出源于局部性,即用任何一种时频分布对非平稳信号进行时频分析,都希望它有很好的时频局部性,局部性的正确描述又与信号的时频聚集性密切相关,它要求信号在时频平面是高度聚集的,时频聚集性是衡量时频分布的重要指标.实用的时频分布更侧重于它的局部性质,甚至有时宁可能量分布的一些性质得不到满足,也要有良好的局部特性.

一个公认的观点是:任何一种时频分布如果对线性 Chirp 信号不能提供好的时频聚集性,那么它便不适合用作非平稳信号的时频分析工具[2].对于单分量 Chirp 信号,我们可以用它的时频分布是否与其瞬时频率一直来衡量,作出单分量 Chirp 信号的几种主要的 Choen 类时频分布的时频如图 2.7 所示.

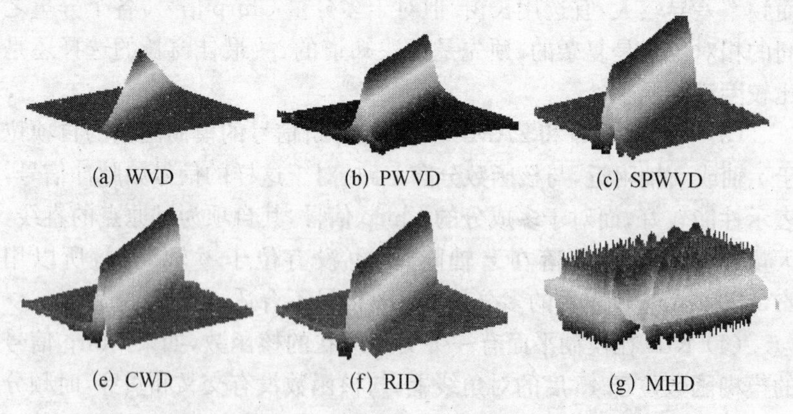

(a) WVD (b) PWVD (c) SPWVD

(e) CWD (f) RID (g) MHD

图 2.7 单分量 Chirp 信号的几种时频分布的时频聚集性比较

如前所述，单分量Chirp信号的WVD在时频平面能量集中在表示信号瞬时频率的直线上，因此，从最佳展现Chirp信号的频率调制规律意义上讲，WVD具有理想的时频聚集性. PWVD、SPWVD、CWD、RID都是对WVD的平滑，它们分别在时间或(和)频率方向上展宽，所以时频聚集性下降，如图2.7(b)、(c)、(d)、(e)所示. MHD对Chirp信号的WVD作了不适当的平滑和分割，破坏了WVD的时频聚集性，这再次表明MHD不适合用于对Chirp信号的时频分析.

信号在时频平面可以用它的时间均值 t_m 和频率均值 f_m，即平均位置 (t_m, f_m) 来刻画，而信号在时间和频率方向的弥散程度由时间方差 T^2 和频率方差 B^2 表示，根据不确定原理可知，$T \times B \geqslant 1/4\pi$，即信号不可能同时在时域和频域上有任意小的分辨率. 同样，可以定义一种时频分布在时域和频域的一阶距和二阶距如下：

$$f_m(t) = \frac{\int_{-\infty}^{\infty} f \cdot p_x(t, f)\mathrm{d}f}{\int_{-\infty}^{\infty} p_x(t, f)\mathrm{d}f} \tag{2.37}$$

$$B^2(t) = \frac{\int_{-\infty}^{\infty} f^2 \cdot p_x(t, f)\mathrm{d}f}{\int_{-\infty}^{\infty} p_x(t, f)\mathrm{d}f} - f_m^2(t) \tag{2.38}$$

$$t_m(f) = \frac{\int_{-\infty}^{\infty} t \cdot p_x(t, f)\mathrm{d}t}{\int_{-\infty}^{\infty} p_x(t, f)\mathrm{d}t} \tag{2.39}$$

$$T^2(f) = \frac{\int_{-\infty}^{\infty} t^2 \cdot p_x(t, f)\mathrm{d}t}{\int_{-\infty}^{\infty} p_x(t, f)\mathrm{d}t} - t_m^2(f) \tag{2.40}$$

其中 $f_m(t)$ 和 $t_m(f)$ 描述了时频分布 $p_x(t, f)$ 在时频平面的频率和时间方向的平均位置，在单分量情况下，分别是信号的瞬时频率和群延时，$T^2(f)$ 和 $B^2(t)$ 表示该分布在时间和频率方向的弥散程度，即时频聚集性. 根据以上公式, 计算出常用的几种时频分布的 $T^2(f)$ 和 $B^2(t)$, 并作出曲线如图 2.8(a)、2.8(b)所示. 从图中可以看出, 在时间中心和频率中心附近的估计值好于其两端边缘的估计值, 此外, MHD 对单分量 Chirp 信号的估计偏差较大.

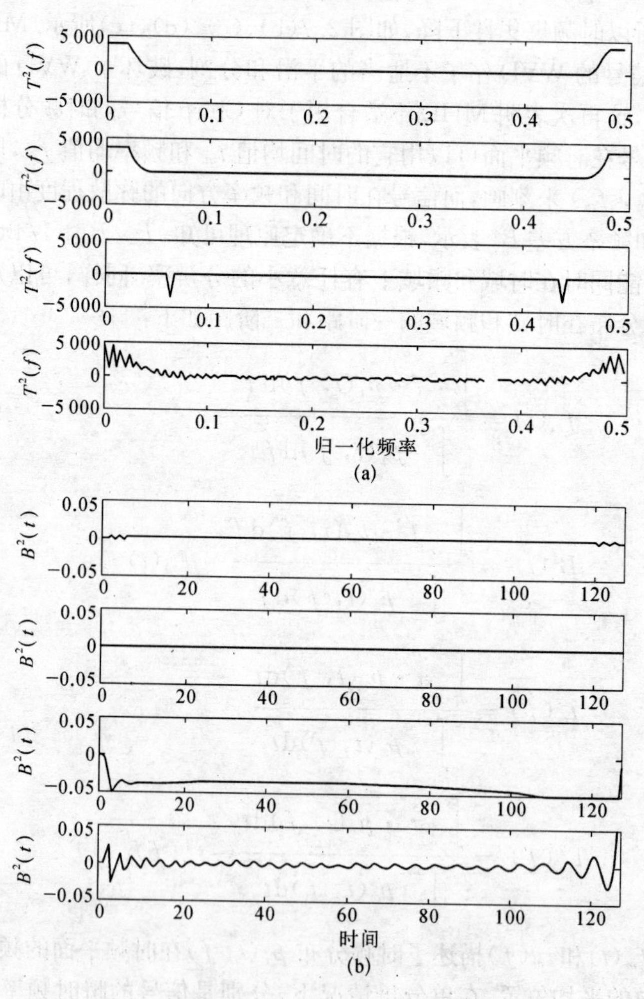

图 2.8 单分量 Chirp 信号几种时频分布的时间弥散程度和频率弥散程度

2.3.4 可分辨性分析

对于多分量 Chirp 信号，还要考虑当多个分量同时存在并且相距较近时的可分辨能力，影响可分辨性的因素主要有信号分量的聚集性、分量间的可分离性以及交叉项的最小化，综合这些因素定义评价可分辨性指标是客观和实用的.

对于单分量 Chirp 信号，它的时频分布的性能一般以其能量中心是否聚集在表示信号瞬时频率的曲线上，定量地描述为：旁瓣幅度相对于主瓣幅度最小，瞬时带宽相对于瞬时频率最小[72]. 信号 $x(t)$ 的时频分布 $p_x(t, f)$ 在 $t = t_0$ 时的切片，如图 2.9(a)所示，图中 $A_M(t_0)$，$A_S(t_0)$ 分别是在 $t = t_0$ 时刻主瓣幅度和旁瓣幅度，$V_i(t_0)$ 和 $f_i(t_0)$ 依次是 $t = t_0$ 时刻瞬时带宽和瞬时频率，定义可分辨性为：

$$\lambda(t) = \frac{A_S(t)}{A_M(t)} \frac{V_i(t)}{f_i(t)} \tag{2.41}$$

由此可见，一个时频分布的性能完全由 $\lambda(t)$ 刻画，$\lambda(t)$ 越小，时频分布的性能越好.

对于多分量 Chirp 信号，先定义信号的可分离性如下：

$$D(t) = \frac{\left[f_{i2}(t) - \frac{V_{i2}(t)}{2}\right] - \left[f_{i1}(t) + \frac{V_{i1}(t)}{2}\right]}{f_{i2}(t) - f_{i1}(t)} = 1 - \frac{V_i(t)}{\Delta f_i(t)} \tag{2.42}$$

$V_i(t) = (V_{i1}(t) + V_{i2}(t))/2$ 是信号分量主瓣的平均瞬时带宽，$\Delta f_i(t) = f_{i2}(t) - f_{i1}(t)$ 是两个分量的瞬时频率的差值. 两分量信号 $x(t)$ 的时频分布 $p_x(t, f)$ 在 $t = t_0$ 时的切片，如图 2.9(b)所示.

为了使时频分布具有最好的分辨率，必须使信号间的可分辨性 $D(t)$ 尽可能地大，同时使交叉项和信号的旁瓣尽可能地小. 为使 $D(t)$ 增大，应使信号的能量最集中，也就是最小化它的瞬时频率带宽. 另一方面，对于交叉项和旁瓣这两项都应达到最小化，即旁瓣幅度和主

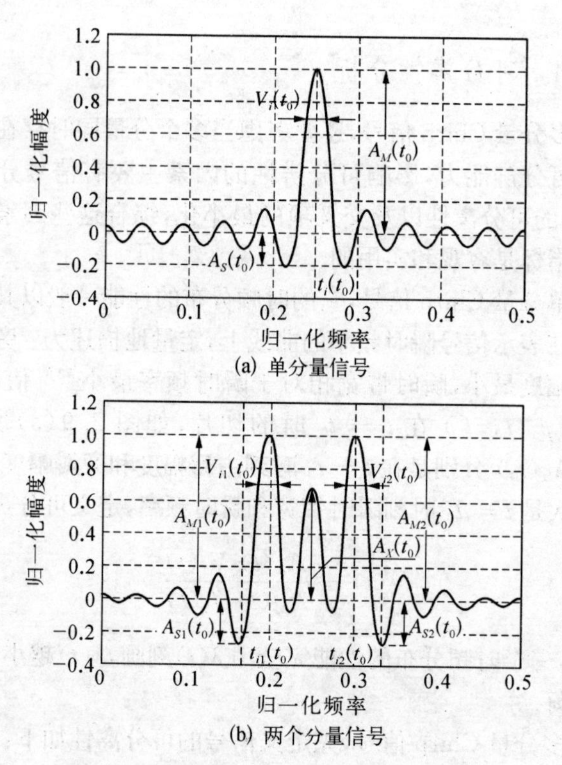

(a) 单分量信号

(b) 两个分量信号

图 2.9　时频分布 $p_x(t, f)$在 $t=t_0$ 时的切片

瓣的幅度比 $A_S(t)/A_M(t)$ 最小，等价于信号的聚集性最大；交叉项的幅度与信号主瓣的幅度之比 $A_X(t)/A_M(t)$ 也应最小. 综合以上分析，衡量多分量信号的时频分布的分辨性能指标可定义为：

$$\lambda(t) = \frac{A_S(t)}{A_M(t)} \frac{A_X(t)}{A_M(t)} \frac{1}{D(t)} \tag{2.43}$$

式中 $A_M(t) = (A_{M_1}(t) + A_{M_2}(t))/2$，$A_S(t) = (A_{S_1}(t) + A_{S_2}(t))/2$，$A_X(t)$ 分别是两个分量主瓣的平均幅度、旁瓣的平均幅度和交叉项的幅度. 从式(2.43) 可知，$0 < \lambda(t) < 1$，并且 $\lambda(t)$ 的值越小，时频分布的分辨性能越好.

为了独立地控制各个部分对 $\lambda(t)$的影响，式(2.43)还可以等价地定义为：

$$\lambda(t)=\frac{1}{3}\left[\frac{A_S(t)}{A_M(t)}+\frac{A_X(t)}{A_M(t)}+\frac{1}{D(t)}\right] \tag{2.44}$$

或者表示为：

$$\lambda(t)=\frac{1}{3}\left(\frac{A_S(t)}{A_M(t)}+\frac{1}{2}\frac{A_X(t)}{A_M(t)}+(1-D(t))\right) \tag{2.45}$$

仿真实验：以两个 Chirp 分量组成的信号为实验信号，归一化的初始频率分别为 0.1 和 0.15，调频斜率都为 0.1，由于调频斜率相同，则这两个分量在时频平面平行且相距较近，数据长度取 $N=256$ 点.

作出其几种主要的 Cohen 类时频分布，取一个固定频率的切片，它是这种时频分布在固定频率下的时间的函数，如图所示 2.10 所示. 由图可见，WVD 的能量分布幅度最高，聚集性最好，但交叉项和旁瓣的幅度也最大，如图 2.10(a)所示，尽管 WVD 的时频聚集性最好，但由于交叉项和旁瓣的幅度较大，导致无法分别信号分量，即可分辨性较差. PWVD 时频分布的可分辨性取决于平滑窗的窗长，平滑窗越长，可分辨性越好，时频聚集性越好，但同时交叉项也随之增加，交叉项存在会影响可分辨性，反之，平滑窗越短，交叉项越小，但时频聚集性变差，同样导致可分辨性不好，如图 2.10(b)所示，对于相对位置确定的两个 Chirp 分量，PWVD 可能存在一个最佳窗长，在此窗长下的可分辨性最好，但是，对于实际存在的多分量 Chirp 信号，各个分量之间的位置是无法预先确定的，所以，最佳窗长对于所有的 Chirp 分量来说可能不是最佳的. 在适当的窗长下 SPWVD 和 CWD 的可分辨性最好，无交叉项和旁瓣，但聚集性较差，且当两个方向的平滑窗太长或太短时，都无法分辨两个谱峰的存在，导致可分辨性急剧下降，如图 2.10(c)、(d)所示. 两个平滑方向都具有较长窗的 BJD 和两个平滑方向都具有适中窗长的 BUD，其聚集性和可分辨性介于 WVD 和 SPWVD 之间，如图 2.10(e)、(f)所示. 具有汉明窗的 RID，如图 2.10(g)所示，随着窗长的增加，聚集性增加但交叉项和旁瓣的幅度也增加.具有贝塞尔窗的 RID,如图 2.10(h)所示,取较短的平滑窗长,其交叉项较严重;而较长的平滑窗,又使时频分布的振荡趋势加剧,导致旁瓣的幅度增大.

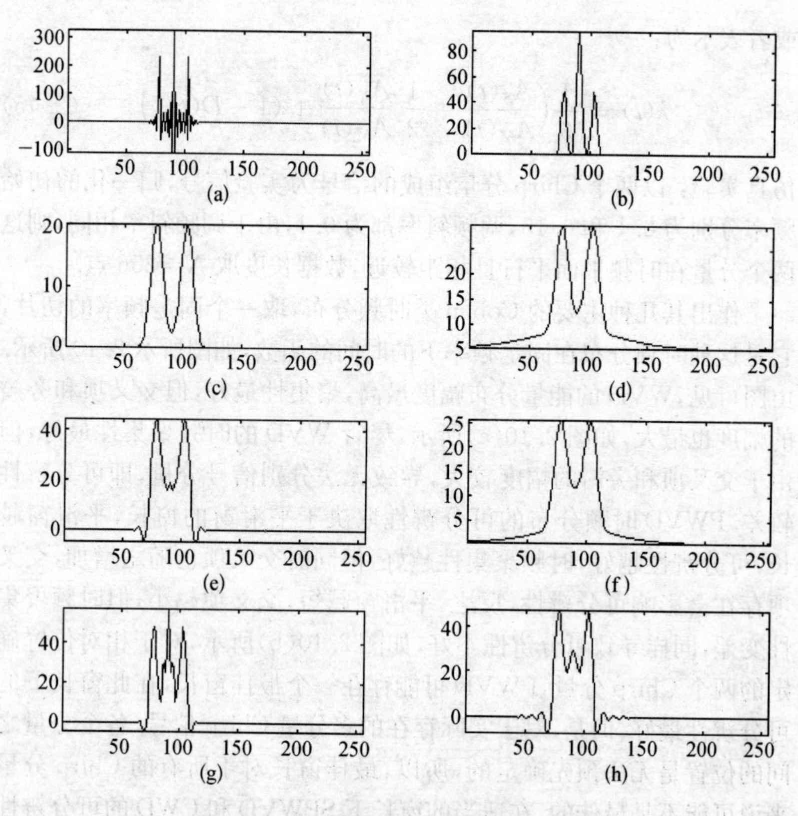

图 2.10 几种时频分布的可分辨性比较

综上所述,对于相互位置确定的两个 Chirp 分量,从时频积聚性提高、交叉项减少、对旁瓣的抑制多方面考虑,可能存在一个最佳窗长,使可分辨性最好.但是,对于多分量 Chirp 信号,其相互位置分布有很大的随机性,最佳窗长对于所有的分量而言,可能不是最佳的,这又从一个侧面说明,Cohen 类时频分布,对于多分量 Chirp 信号的时频表示不是很合适的时频分析工具.

2.4 本章小结

尽管 WVD 对单分量 Chirp 信号有完美的表示，但对多分量 Chirp 信号，不可避免地存在交叉项，使用核函数平滑可在不同程度上减少交叉项，但由于在模糊平面核函数形状与多分量 Chirp 信号位置不匹配，造成交叉项抑制存在限制，且平滑的同时也牺牲了时频聚集性，时频聚集性的下降，又导致相距较近的分量间的可分辨性变差. 所以，从减少交叉项、提高时频聚集性和分量间的可分辨性角度讲，现有的 Cohen 类双线性时频分布对多分量 Chirp 信号的时频表示存在局限，为了对实际存在的大量的多分量 Chirp 信号进行时频分析，必须寻找无交叉项干扰、且有高的时频聚集性和好的可分辨性的时频分析工具. 为此，本文在第五章将提出基于三参数 Chirp 原子分解的多分量 Chirp 信号的时频表示方法，来解决交叉项减少和时频聚集性提高这对矛盾，从而达到我们的研究目标. 由于该方法依赖于对信号的检测与参数估计，第三章和第四章先研究对多分量 Chirp 信号的检测与参数估计问题.

第三章　基于时频重排-Hough变换的检测与参数估计

正如第二章所述，多分量 Chirp 信号的双线性时频分布不可避免地存在交叉项干扰，低信噪比下信号淹没在交叉项和噪声中，直接在时频平面很难判断 Chirp 信号的存在，更难于直接估计其参数. 本章提出基于时频重排-Hough 变换的多分量 Chirp 信号的检测与参数估计方法，该方法引入时频重排、抽取图像脊、Hough 变换等图像处理方法，对时频分布图像进行变换处理，使 Chirp 信号在变换域的特征更加明显，以达到低信噪比下 Chirp 信号检测与参数估计的目的.

3.1　RWT 检测多分量 Chirp 信号原理与存在的问题

3.1.1　RWT 的定义与性质

RWT 是一种直线积分的投影变换，作为直线积分变换的特例是 *WVD* 的边缘性质，

$$\int_{-\infty}^{\infty} WVD_x(t,\ \omega)\mathrm{d}t = |X(\omega)|^2 \tag{3.1}$$

$$\frac{1}{2\pi}\int_{-\infty}^{\infty} WVD_x(t,\ \omega)\mathrm{d}\omega = |x(t)|^2 \tag{3.2}$$

即对 *WVD* 作平行于 t 轴的不同 ω 的积分产生信号的功率谱；对平行于 ω 轴不同的 t 值积分是信号的瞬时功率. 如果将直角坐标系 $(t,\ \omega)$ 旋转 α 角度，得到新的直角坐标系 $(u,\ v)$，如图 3.1 所示，则 $(t,\ \omega)$ 坐标系和 $(u,\ v)$ 坐标系的关系为：

$$\begin{cases} t = u\cos\alpha - v\sin\alpha \\ \omega = u\sin\alpha + v\cos\alpha \end{cases} \tag{3.3}$$

以平行于 v 轴不同的 u 值的直线 PQ 进行直线积分，就是 RWT：

$$\begin{aligned} RWT_x(u,\alpha) &= \mathrm{R}[WVD_x(t,\omega)] \\ &= \int_{PQ} WVD_x(u\cos\alpha - v\sin\alpha,\ u\sin\alpha + v\cos\alpha)\,\mathrm{d}v \end{aligned} \tag{3.4}$$

式中 R[·]是 Radon 变换算子，RWT 相当于对 u 轴的投影积分，实际上是一种广义边缘积分，RWT 是 α 和 u 的二维连续函数.

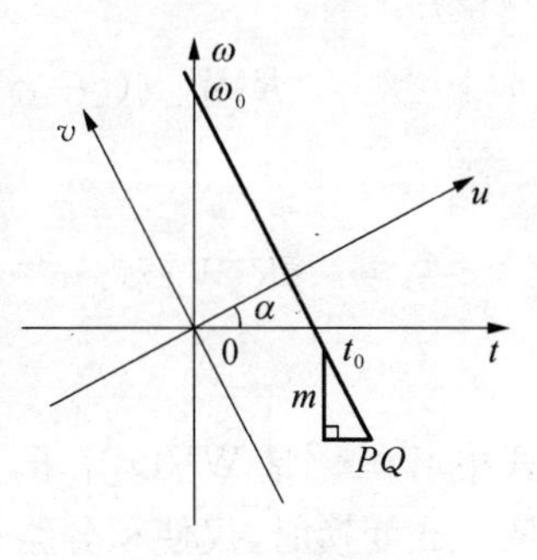

图 3.1 (t,ω)坐标系和(u,v)坐标系的关系

作为一种直线积分投影变换，RWT 满足一些性质如下：

(1) 双线性特性

虽然 Radon 变换是线性的，但因 WVD 是双线性的，所以 RWT 仍是双线性的，即：

$$\begin{aligned} & RWT[ax_1(t) + bx_2(t)] \\ &= R[|a|^2 WVD_{x_1}(t,\omega) + |b|^2 WVD_{x_2}(t,\omega) + \\ &\quad ab^* WVD_{x_1x_2}(t,\omega) + ba^* WVD_{x_2x_1}(t,\omega)] \\ &= |a|^2 RWT_{x_1}(u,\alpha) + |b|^2 RWT_{x_2}(u,\alpha) + \\ &\quad ab^* RWT_{x_1x_2}(u,\alpha) + ba^* RWT_{x_2x_1}(u,\alpha) \end{aligned} \tag{3.5}$$

$RWT_{x_1x_2}(u,\alpha) = R[WVD_{x_1x_2}(t,\omega)]$ 称为信号 $x_1(t)$ 和 $x_2(t)$ 的互 RWT，类似于 WVD，两个信号之和的 RWT 包含了信号项和交叉项.

(2) 时移和频移特性

WVD 具有时移和频移不变性，即信号的时移和频移导致其 WVD 在时频平面上产生相应的时移和频移，但 Radon 变换是以 u 和 α 为变量，可利用它们之间的关系：

$$u = \omega_0 \sin\alpha = t_0 \cos\alpha \tag{3.6}$$

将时频平面内的时移和频移，通过改变 u 的值使其积分不变，即

$$RWT_x(u,\ \alpha) = RWT_x(u + t_0\cos\alpha + \omega_0\sin\alpha,\ \alpha) \tag{3.7}$$

式中 t_0 和 ω_0 分别代表积分路径的水平移动的距离和垂直移动的距离，则：

$$\begin{aligned} R\{W[x(t-t_0)]\} &= R[WVD_x(t-t_0,\ \omega)] \\ &= RWT_x(u - t_0\cos\alpha,\ \alpha) \end{aligned} \tag{3.8}$$

$$\begin{aligned} R\{W[x(t)\mathrm{e}^{\mathrm{j}\omega_0 t}]\} &= R[WVD_x(t,\ \omega-\omega_0)] \\ &= RWT_x(u - \omega_0\sin\alpha,\ \alpha) \end{aligned} \tag{3.9}$$

式中 $W[\cdot]$是 WVD 算子，信号的时移和频移只是在时频平面里作 Radon 变换时，仅使积分路径 u 发生平移，并不改变 α 的值.

(3) 投影切片定理[73]

$$\begin{aligned} \int_{-\infty}^{\infty} RWT_x(u,\ \alpha)\mathrm{e}^{-\mathrm{j}u\lambda}\mathrm{d}u &= AF_{xx}(\tau,\ \theta)\big|_{\tau=\lambda\sin\alpha;\ \theta=\lambda\cos\alpha} \\ &= AF_{xx}^{p}(\lambda,\ \alpha) \end{aligned} \tag{3.10}$$

式中 AF_{xx}^{p} 是 AF_{xx} 的极坐标表示，该定理说明以某一角度 α 从 RWT 切得的切片，与极坐标表示的模糊函数的过原点和频偏轴成 α 角度的切片，存在着 Fourier 变换关系.

(4) 卷积特性

两个函数 $x_1(t)$和 $x_2(t)$在 RWT 域对 u 的一维卷积，产生了在时频平面的二维卷积，即有：

$$RWT_{x_1}(u,\ \alpha) \overset{u}{*} RWT_{x_2}(u,\ \alpha) = R[WVD_{x_1}(t,\ \omega) \overset{t}{*} \overset{\omega}{*} WVD_{x_2}(t,\ \omega)] \tag{3.11}$$

该式说明具有不同核函数的 Cohen 类时频分布的 Radon 变换，可以用其核函数的 RWT 与信号的 RWT 的进行一维卷积来得到.

3.1.2 RWT 检测 Chirp 信号的原理与解线调的计算方法

式(3.1)所定义的 RWT 是以(u, α)为参数表示的积分路径 PQ 直线，而在 WVD 的时频平面里，直线 PQ 的参数往往用斜率 m 及它与ω 轴的截距 ω_0 来表示 $\omega=\omega_0+mt$，两组参数的关系是：

$$m=-\cot\alpha, \quad \omega_0=u/\sin\alpha \tag{3.12}$$

以参数(m, ω_0)表示积分路径 PQ 的 RWT 为[74]：

$$\begin{aligned}
RWT_x(u, \alpha) &= \int_{PQ} WVD_x(t, \omega)\mathrm{d}v' \\
&= \int_{-\infty}^{\infty}\int_{-\infty}^{\infty} WVD_x(t, \omega)\delta(u-u')\mathrm{d}u'\mathrm{d}v' \\
&= \int_{-\infty}^{\infty}\int_{-\infty}^{\infty} WVD_x(t, \omega)\delta[\sin\alpha(\omega-\omega_0-mt)]\mathrm{d}\omega\mathrm{d}t \\
&= \frac{1}{|\sin\alpha|}\int_{-\infty}^{\infty}\int_{-\infty}^{\infty} WVD_x(t, \omega)\delta[\omega-(\omega_0+mt)]\mathrm{d}\omega\mathrm{d}t \\
&= \frac{1}{|\sin\alpha|}\int_{-\infty}^{\infty} WVD_x(t, \omega_0+mt)\mathrm{d}t\Bigg|_{\substack{m=-\cot\alpha \\ \omega_0=u/\sin\alpha}}
\end{aligned} \tag{3.13}$$

若将积分路径直线 PQ 改用与 t 轴的截距 t_0 和相对于 ω 轴的斜率 p 表示，将直线 PQ 写成 $t=t_0+p\omega$ 的形式，则可以得到 RWT 的另一种表达式：

$$\begin{aligned}
RWT_x(u, \alpha) &= \int_{PQ} WVD_x(t, \omega)\mathrm{d}v' \\
&= \frac{1}{|\cos\alpha|}\int_{-\infty}^{\infty} WVD_x(t_0+p\omega, \omega)\mathrm{d}\omega\Bigg|_{\substack{p=-\tan\alpha \\ t_0=u/\cos\alpha}}
\end{aligned} \tag{3.14}$$

式(3.13)和式(3.14)是等价的，当直线 PQ 退化为垂直线和水平线时，可选择不同的表达式来避免尺度因子趋于无穷大.

由(3.13)式可见，如果信号 $x(t)$ 是初始频率为 ω_0、线性调频斜率为 m 的线性 Chirp 信号，则它的 RWT 积分值最大；而当参数偏离 ω_0 与/或 m 时，积分值迅速减小，即对一定的 Chirp 信号，其 RWT 会在对应的参数 (m, ω_0) 处呈现尖峰. 对于时移和频移的 Chirp 信号来说，根据 RWT 的时移和频移特性，其 RWT 的尖峰只是沿着 u 轴平移而保持 α 的值不变，这就是 RWT 对 Chirp 信号的检测与参数估计原理.

RWT 对 Chirp 信号的检测实际上就是对其初始频率 ω_0 和调频斜率 m 两个参数的二维搜索，采用解线调的方法，可以降为两个一维搜索. 解线调就是解除 Chirp 信号的线性调制，使其变成单频信号，它可以在时域也可在频域进行，时域解线调用 $\mathrm{e}^{-\mathrm{j}\frac{1}{2}mt^2}$ 与信号相乘，对于单分量 Chirp 信号 $x(t)=\mathrm{e}^{\mathrm{j}\omega_0 t+\mathrm{j}\frac{1}{2}mt^2}$，假定其调频斜率 m 值已知，信号与解线调因子相乘，得到单频信号和相应的傅立叶变换为：

$$f_m(t)=x(t)\cdot \mathrm{e}^{-\mathrm{j}\frac{1}{2}mt^2}=\mathrm{e}^{\mathrm{j}\omega_0 t} \tag{3.15}$$

$$F(\omega_0, m)=\int_{-\infty}^{\infty} f_m(t)\mathrm{e}^{-\mathrm{j}\omega t}\mathrm{d}t=\int_{-\infty}^{\infty} x(t)\mathrm{e}^{-\mathrm{j}\left(\frac{1}{2}mt^2+\omega_0 t\right)}\mathrm{d}t \tag{3.16}$$

$f_m(t)$ 变成单音频信号，其频率为 Chirp 信号的初始频率 ω_0，对这样的信号取傅立叶变换，则在对应的频率处出现一个尖峰. 实际上，解线调因子中的调频斜率 m 是未知的，这可以通过计算 $f_m(t)$ 的相关函数和功率谱并搜索最大值来确定 m 值，$f_m(t)$ 的相关函数为：

$$\begin{aligned} R_f(\tau, m) &= \int_{-\infty}^{\infty} f_m\left(t+\frac{\tau}{2}\right) f_m^*\left(t-\frac{\tau}{2}\right)\mathrm{d}t \\ &= \int_{-\infty}^{\infty} x\left(t+\frac{\tau}{2}\right) x^*\left(t-\frac{\tau}{2}\right)\mathrm{e}^{-\mathrm{j}mt\tau}\mathrm{d}t \end{aligned} \tag{3.17}$$

其功率谱为：

$$S_f(\omega_0, m) = |F(\omega_0, m)|^2 = \int_{-\infty}^{\infty} R_f(\tau, m)\mathrm{e}^{-\mathrm{j}\omega_0\tau}\mathrm{d}\tau$$
$$= \int_{-\infty}^{\infty}\left[\int_{-\infty}^{\infty} x\left(t+\frac{\tau}{2}\right)x^*\left(t-\frac{\tau}{2}\right)\mathrm{e}^{-\mathrm{j}(\omega_0+mt)\tau}\mathrm{d}\tau\right]\mathrm{d}t \tag{3.18}$$

括号内的积分正是信号 $x(t)$ 的 WVD 在直线 $\omega = \omega_0 + mt$ 上的切片，即：

$$S_f(\omega_0, m) = |F(\omega_0, m)|^2 = \int_{-\infty}^{\infty} WVD_x(t, \omega_0 + mt)\mathrm{d}t \tag{3.19}$$

将式(3.19)与式(3.13)对比可知，信号 $x(t)$ 经过时域解线调后的功率谱与其 RWT 只相差一个尺度因子 $|\sin\alpha|^{-1}$，所以有：

$$RWT_x(u, \alpha) = \frac{1}{|\sin\alpha|}\int_{-\infty}^{\infty} WVD_x(t, \omega_0 + mt)\mathrm{d}t\Bigg|_{\substack{m=-\cot\alpha \\ \omega_0=u/\sin\alpha}}$$
$$= \frac{1}{|\sin\alpha|}|F(\omega_0, m)|^2\Bigg|_{\substack{m=-\cot\alpha \\ \omega_0=u/\sin\alpha}}$$
$$= \frac{1}{|\sin\alpha|}\left|\int_{-\infty}^{\infty} x(t)\mathrm{e}^{-\mathrm{j}\left(\omega_0 t+\frac{1}{2}mt^2\right)}\mathrm{d}t\right|^2\Bigg|_{\substack{m=-\cot\alpha \\ \omega_0=u/\sin\alpha}} \tag{3.20}$$

这样，可以通过时域解线调来计算 RWT.

与时域解线调类似，频域解线调将信号的频谱乘以与频率成正比的相位旋转因子 $\mathrm{e}^{\mathrm{j}\frac{1}{2}p\omega^2}$，频域解线调与 RWT 也有密切的关系，即：

$$RWT_x(u, \alpha) = \frac{1}{|\cos\alpha|}\int_{-\infty}^{\infty} WVD_x(t_0 + p\omega, \omega)\mathrm{d}\omega\Bigg|_{\substack{p=-\tan\alpha \\ t_0=u/\cos\alpha}}$$

$$= \frac{1}{|\cos\alpha|}\left|\frac{1}{2\pi}\int_{-\infty}^{\infty} X(\omega)\mathrm{e}^{\mathrm{j}\left(\frac{1}{2}p\omega^2+\omega t_0\right)}\mathrm{d}\omega\right|^2\Bigg|_{\substack{p=-\tan\alpha\\ t_0=u/\cos\alpha}} \tag{3.21}$$

RWT与频域解线调后信号的瞬时功率只差一个尺度因子 $|\cos\alpha|^{-1}$，所以，也可以通过频域解线调来计算RWT.

3.1.3 RWT检测Chirp信号存在的问题

(1) 尽管Radon变换是线性的，但由于WVD是双线性的，所以RWT仍是双线性的，对于多分量Chirp信号，存在着信号项和交叉项干扰，虽然可以用谱平坦性、仙农熵和参数化统计量也能够区分信号项和交叉项的投影，但它们对噪声较敏感[2].

(2) 从RWT能检测Chirp信号的原理可看出，只有当Chirp信号无限长时，它才会在相应参数处表现为冲激脉冲函数，若信号长度有限，则该脉冲函数会被展宽，也会有旁瓣，这些旁瓣对其他分量的检测可能会造成影响.

(3) 直接计算RWT的计算量在 $O(N^2M)$ 数量级，通过组合时域解线调和频解线调来间接计算，其运算量为 $O(NM\log_2 N)$，比直接计算投影积分要简便[74]，但当Chirp信号调频斜率为0度和90度时，即积分直线分别退化为水平线和垂直线时，RWT的尺度因子将趋于无穷大，为避免如此，要先判断Chirp信号的调频斜率，并分别选择时域解线调和频域解线调方法.

(4) 时域解线调对信号乘以无限长的线性Chirp信号，其时域支撑区不变，却使信号沿频率轴拉伸；频域解线调使信号乘以与频率成正比的群延迟，其频域支撑区不变，而使时间轴拉伸，所以，无论时域解线调还是频域解线调，都会使时频平面里的信号支撑区变形，其边缘特性(功率谱和瞬时功率)也会随之伸展或压缩[65].而实际处理的信号是离散的，时频平面及其边缘特性都是周期的，边缘特性的伸展会造成相邻周期发生混叠.

(5) 时域解线调需要半带宽信号，频域解线调则需要半时宽信号，必须通过补零和对解析信号过采样，使信号在时频平面的任一象限都有定义，这样才能得到完整的 RWT 计算结果.

综上所述，尽管 RWT 能够检测并估计 Chirp 信号的参数，但是，对于多分量 Chirp 信号，仍然存在交叉项干扰；有限长度的信号，其旁瓣对其他分量的检测会造成干扰；通过解线调来计算 RWT，会使时频支撑区变形，造成相邻周期的混叠等. 所以，在下一节，将提出基于时频分布- Hough 变换的检测与参数估计方法.

3.2 QTFD - Hough 变换的检测与参数估计原理

3.2.1 Hough 变换原理

Hough 变换是 P. Hough 于 1962 年从图像特征检测的角度提出的一种形状匹配技术，它可将被检测图像中的直线在参数空间里与直线参数对应的位置聚集形成尖峰，根据尖峰的个数和位置，从而得到图像空间的直线及直线的参数.

Hough 变换的基本思想是点-线对偶性[75]. 图像变换前在图像空间，变换后在参数空间. 在图像空间里，所有过点 (x, y) 的直线都满足方程：

$$y = px + q \tag{3.22}$$

其中 p 为斜率，q 为截距，上述直线方程也可写为：

$$q = -px + y \tag{3.23}$$

它代表参数空间过点 (p, q) 的一条直线. 在图像空间的同一条直线上的两个点 (x_1, y_1) 和 (x_2, y_2) 都满足直线方程式(3.22)，在参数空间里可写成 $q = -px_1 + y_1$ 和 $q = -px_2 + y_2$，它们在参数空间是两条不同的直线，但由于它们在图像空间有相同的斜率和截距，所以，这两条直线在参数空间的点 (p, q) 相交，如图 3.2(a)、(b) 所示. 同理，图像空间中过点 (x_1, y_1) 和 (x_2, y_2) 的直线上的每个点都对应在参数空间的一条直线，这些直线都相交于点(p, q). 由此可见，在图像空间中共线的点对应在参数空间里相交的线，反过来，在参数空间相交于同一个点的所有直线在图像空间都有共线的点与之对应，这就是点-线对偶性. 根据点-线对偶性，当给定图像空间的一些边缘点，就可通过 Hough 变换确定连接这些点的直线，Hough 变换把在图像空间中的直线检测问题转换到在参数空间里对点的检测问题，通过对参数空间里相交的点进行累加统计，就可完成直线的检测和参数估计任务.

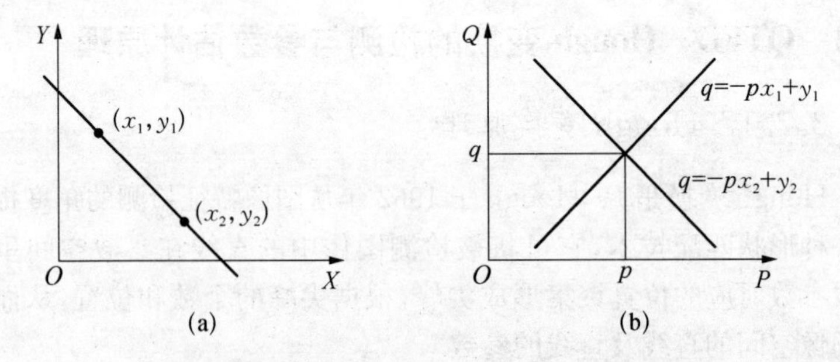

图 3.2　Hough 变换—截距和斜率的参数空间表示

为了避免当直线接近垂直和水平方向时，由于 p 和 q 的值接近无穷大而使计算量增大的问题，可将直线改用极坐标表示：

$$\rho = x\cos\theta + y\sin\theta = \sqrt{x^2 + y^2}\sin\left(\theta + \arctan\frac{x}{y}\right) \tag{3.24}$$

这里 ρ 代表直线距原点的法线距离，θ 为该法线与 X 轴正向的夹角，如图 3.3(a)所示. 根据这个方程，原图像空间的点对应着新的参数空间中的一条正弦曲线，即由笛卡儿坐标空间转换到极坐标空间，Hough 变换由原来的点-直线对偶变成了点-正弦曲线对偶，如图 3.3(b)所示. 检测在图像空间中的直线需要在参数空间里检测正弦曲线的交点，且直线的参数由法线距离 ρ 以及法线与 X 轴正向的夹角 θ 表示.

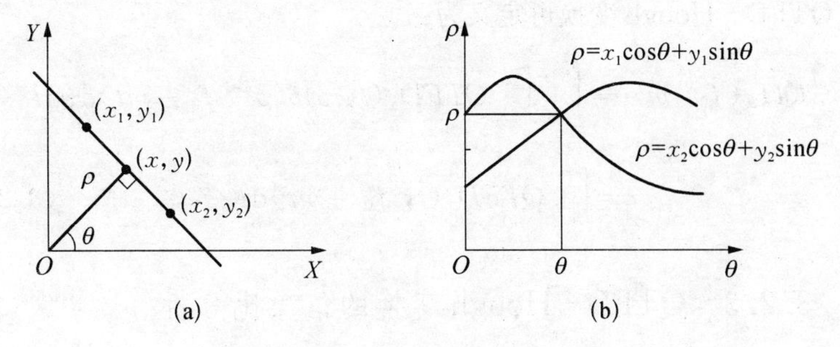

图 3.3　Hough 变换—法线距离和夹角的参数空间表示

3.2.2　QTFD - Hough 变换的检测与参数估计的原理

原始的 Hough 变换是将二值图像 $I(x, y)$ 线性影射到参数空间 $H(\rho, \theta)$，数学上，Hough 变换可表示为：

$$H(\rho, \theta) = \sum_x \sum_y I(x, y)\delta(\rho - x\cos\theta - y\sin\theta) \tag{3.25}$$

由于 Chirp 信号的 WVD 在时频平面是一条直线，即信号的能量聚集在其瞬时频率的直线上，多分量 Chirp 信号在 WVD 的时频平面是多条直线，每条直线的截距为 Chirp 信号的初始频率 f_0，斜率为调频斜率 m. 由于多分量 Chirp 信号的 WVD 存在交叉项，使用二次型时频分布来平滑交叉项，得到多分量 Chirp 信号的二次型时频分布（QTFD：Quadratic Time-Frequency Distribution），其交叉项得到减缓同时也使时频聚集性降低，即多分量 Chirp 信号在时频平面的多条直线变粗，但是，反映多分量 Chirp 信号的瞬时频率规律的直线参数并没有变化，所以，根据以上对 Hough 变换原理分析，对多分量 Chirp 信号的 QTFD 进行 Hough 变换，能够检测多分量 Chirp 信号的多条直线，并可以间接地得到表示直线的两个参数，从图 3.3(a) 中，可以得到 Chirp 信号的初始频率 f_0 和调频斜率 m 与 ρ 和 θ 的关系为：

$$f_0 = \rho/\sin\theta,\ m = -\cot\theta \tag{3.26}$$

则 QTFD-Hough 变换可定义为：

$$QH_x(f_0, m) = \int_{-\infty}^{\infty}\int_{-\infty}^{\infty} QTFD_x(t, v)\delta(v - f_0 - mt)\mathrm{d}v\mathrm{d}t$$

$$= \int_{-\infty}^{\infty} QTFD_x(t, f_0 + mt)\mathrm{d}t \tag{3.27}$$

3.2.3 QTFD-Hough 变换的信噪比分析

设观测序列为 $y(n) = x(n) + v(n)$，其中信号 $x(n) = Ae^{\mathrm{j}\left[2\pi\left(f_0 n + \frac{1}{2}mn^2\right)\right]}$ 为单分量 Chirp 信号，$v(n)$为加性高斯白噪声. 以 WVD 作为 QTFD 的典型代表，分析 QTFD-Hough 变换前后的信噪比. 离散形式的 $QH_x(f_0, m)$可表达为：

$$QH_x(f_0, m) = \sum_{n=0}^{N/2-1}\sum_{k=-n}^{n} x(n+k)x^*(n-k)e^{-\mathrm{j}4\pi k(f_0+mn)} +$$

$$\sum_{n=N/2}^{N-1}\sum_{k=-(N-1-n)}^{N-1-n} x(n+k)x^*(n-k)e^{-\mathrm{j}4\pi k(f_0+mn)} \tag{3.28}$$

如果只有信号 $x(n)$ 而不存在噪声，则 $QH_x(f_0, m)$ 在(f_0, m) 平面里呈现一个尖峰，峰值位于相应的(f_0, m) 处，峰值 $QH_x(f_0, m)$ 为确定值. 如果有噪声存在，则 $QH_x(f_0, m)$ 变成一个随机变量，尖峰值在(f_0, m) 点的附近$(f_0 + \Delta f_0, m + \Delta m)$ 发生随机起伏，起伏的方差为 $\mathrm{var}\{QH_y(f_0, m)\}$，则 $QH_x(f_0, m)$ 输出信噪比定义为：

$$SNR_{\mathrm{OUT}} = \frac{|QH_x(f_0, m)|^2}{\mathrm{var}\{QH_y(f_0, m)\}} \tag{3.29}$$

为了求 $QH_x(f_0, m)$的方差，可分别其计算其数学期望值和二阶矩如下[76]：

$$E\{QH_y(f_0, m)\} = \frac{N^2A^2}{2} + N\sigma_n^2 \tag{3.30}$$

$$E\{|QH_y(f_0, m)|^2\} = \frac{N^4A^4}{4} + \frac{3N^3A^2\sigma_n^2}{2} + \frac{3N^2\sigma_n^4}{2} \tag{3.31}$$

则 $QH_x(f_0, m)$ 的方差为：

$$\begin{aligned}\text{var}\{QH_y(f_0, m)\} &= E\{|QH_y(f_0, m)|^2\} - E^2\{QH_y(f_0, m)\} \\ &= \frac{N^3A^2\sigma_n^2}{2} + \frac{N^2\sigma_n^4}{2}\end{aligned} \tag{3.32}$$

输出的方差与信号的参数无关. 由于只有信号时的 QTFD－Hough 变换的极大值等于 $N^2A^2/2$，则 QTFD－Hough 变换的输出信噪比为：

$$SNR_{\text{OUT}} = \frac{N^4A^4}{2(N^3A^2\sigma_n^2 + N^2\sigma_n^4)} = \frac{N^2SNR_{\text{IN}}^2}{2(NSNR_{\text{IN}}+1)} \tag{3.33}$$

其中，输入信噪比定义为 $SNR_{\text{IN}} = A^2/\sigma_n^2$，式(3.33) 反映了输入信噪比的阈值效应，当输入信噪比较高，即 $SNR_{\text{IN}} \gg 1$ 时，式(3.33) 可以用 $SNR_{\text{OUT}} = NSNR_{\text{IN}}/2$ 近似表示；反之，在输入信噪比较低时，$SNR_{\text{IN}} \ll 1$ 时，分母中的 $NSNR_{\text{IN}}$ 可以忽略不计，故有 $SNR_{\text{OUT}} \approx 1/2N^2SNR_{\text{IN}}^2$，即输出信噪比比输入信噪比还要低. 这两种极端情况说明：QTFD－Hough 变换既有可能改善信噪比，也有可能使信噪比恶化，取决于输入信噪比的大小，因此，找出使输出信噪比改善和恶化的转折点，即输入信噪比的门限是必要的. 这个门限值定义为式(3.33) 的分母中两个部分相等时的输入信噪比，即 $NSNR_{\text{IN}} = 1$，就是说，QTFD－Hough 变换对输出信噪比有改善的前提是最低输入信噪比为 $SNR_{\text{IN}} = 1/N$. 显然，增大数据长度 N 是改善输出信噪比的一个有效手段.

3.2.4 仿真实验结果及存在的问题

以含有三个 Chirp 分量的信号为例，三个 Chirp 信号的归一化的起始频率和终止频率分别是(0.15，0.45)，(0.25，0.15)，(0.3，0.5)，数据长度取 $N=256$，在无噪声的情况下，其时域表示和 WVD 分别如图 3.4(a)和(b)所示，由三个 Chirp 分量构成的信号，其时域波形呈现类似噪声特点，无法辨别有几个分量存在，从该信号的 WVD 中可以看出每个分量的频率变化过程，但存在交叉项干扰，也无法直接从时频分布中得到每个 Chirp 分量的参数，将该信号的 WVD 作为图像并对其进行 Hough 变换，如图 3.4(c)和(d)所示.

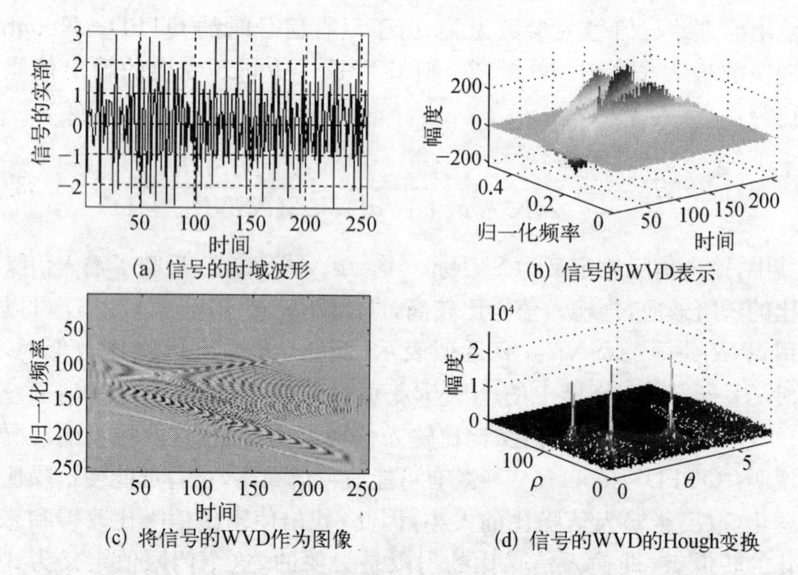

(a) 信号的时域波形　(b) 信号的WVD表示

(c) 将信号的WVD作为图像　(d) 信号的WVD的Hough变换

图 3.4　含有三个 Chirp 分量的信号的 WVD 及其 Hough 变换

由图可见，由三个 Chirp 分量构成的信号，其 WVD 在时频平面呈现三条直线，但同时存在严重的交叉项干扰，将该时频分布图进行 Hough 变换后，三个分量的 Chirp 所对应的直线在参数空间形成三个明显的尖峰，对参数空间搜索局部极大值，得到三个尖峰的峰值分别为 1.977×104，2.838 5×104，2.671 0×104，这样通过搜索参数空间的局部极大值，就可以检测到 Chirp 分量，与基于 RWT 的检测

Chirp 信号方法相比，该方法不受交叉项的影响，具有检测多分量 Chirp 信号的能力. 由于峰值点对应的坐标值就是图像空间直线的参数，根据式(3. 26)进行换算，即可得到 Chirp 信号的初始频率和调频斜率两个参数，所以该方法还能够正确地估计多分量 Chirp 信号的参数.

此外，将多 Chirp 信号的 WVD 作为图像，与现实世界的真实图像相比，多分量 Chirp 信号的时频分布图中含有较少的线条，并且我们只对时频分布的幅度超过一定值的点才进行 Hough 变换，这样可以大大减少 Hough 变换的运行时间，确保该算法的有效性，与 RWT 方法相比，避免了解线调方法计算 RWT 的烦琐过程. 表 3. 1 给出了 Hough 变换的运行时间与 Chirp 分量的个数、数据长度及输入信噪比的关系. 由此可见，随着信噪比的降低，运行时间增大并存在一个输入信噪比的下限值；增大数据长度能适当降低信噪比，但运行时间随之增加；在一定的信噪比下，随着 Chirp 分量的增多，运行时间增大，检测和估计性能下降不明显，说明该方法可以有效地检测多个 Chirp 分量.

表 3. 1　Hough 变换运行时间与信号个数、数据长度及输入信噪比的关系

信号个数	数据长度	运行时间(秒)			
		无噪声	*SNR*＝10 dB	*SNR*＝1 dB	*SNR*＝－5 dB
2 个	128	8. 521	21. 992	44. 534	63. 15
	256	49. 041	94. 736	269. 345	436. 758
3 个	128	14. 844	23. 213	48. 369	67. 948
	256	82. 219	100. 354	275. 426	550. 242
4 个	128	29. 011	35. 872	50. 914	73. 476
	256	178. 346	191. 805	380. 477	632. 339

但是,在仿真实验时还发现,当具有相同调频斜率的两个 Chirp 信号,在时频平面相距较近且呈平行分布,它们之间的交叉项位于两条直线的中间的直线上,呈振荡形式,且强度较大,这些振荡形式的交叉项在时频平面形成了断断续续的直线,如图 3.5(a)所示的是由三个 Chirp 信号的 WVD,除三条连续的直线,其余的均为交叉项,当从图像空间映射到参数空间时,因为这些点共线,所以在参数空间必然是相交的正弦线,即形成伪尖峰,如图 3.5(b)所示,原本含有三个 Chirp 分量的信号的 WVD,经 Hough 变换后形成四个尖峰,其中较低的是伪尖峰,这样在低阈值下检测时,可能会认为存在四个分量的 Chirp 信号,从而造成误判断.

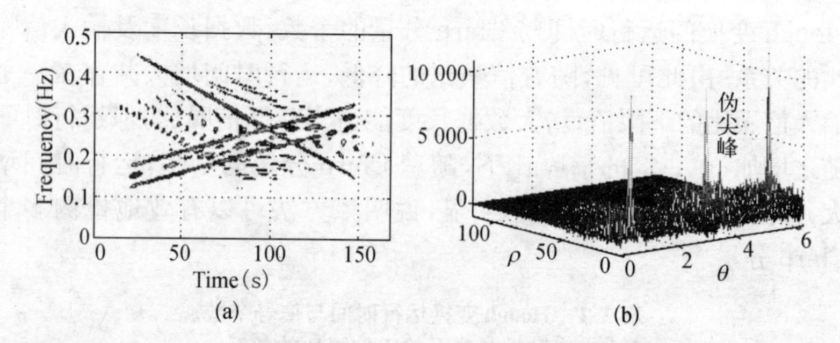

图 3.5 三个 Chirp 信号的 WVD 的交叉项及其 Hough 变换形成的伪尖峰

使用二次型时频分布平滑这些交叉项可抑制伪尖峰的形成,两个 Chirp 信号的归一化的初始频率和终止频率分别是(0.45, 0.25)和(0.15, 0.25), 该信号的平滑的伪 WVD(SPWVD: Smooth Pseudo WVD),如图 3.6(a)所示,其交叉项基本被平滑掉,但同时也减低了时频聚集性,使 Chirp 分量在时频平面的直线变粗,由于图像空间的每一点经 Hough 变换后,均映射成为参数空间的一条正弦曲线,变粗的直线使 Hough 变换时从图像空间到参数空间需要映射的点增多,这样就增加了 Hough 变换的运行时间,减小了尖峰幅度,也降低了检测门限,并且能量被分布到参数空间的尖峰附近,也使参数估计的精度下降,如图 3.6(b)所示.

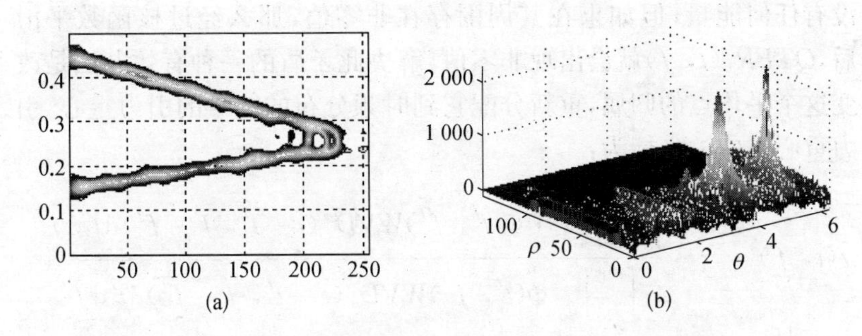

图 3.6　两个 Chirp 信号的 SPWVD 及其 Hough 变换

为了解决减少交叉项和提高时频聚集性之间的矛盾，以提高检测的准确性和参数估计的正确性，我们提出如下的进一步改进方法.

3.3　基于时频重排- Hough 变换的改进方法

3.3.1　时频重排原理

作为平滑手段的一种补充，对时频分布作时频重排可以兼顾时频分布的聚集性改善和交叉项减少. 为了说明时频重排原理，使用二次型时频分布的另一种表达式：

$$QTFD_x(t,\ f)=\int_{-\infty}^{\infty}\int_{-\infty}^{\infty}\Phi(t',\ f')WVD_x(t-t',\ f-f')\mathrm{d}t'\mathrm{d}f' \tag{3.34}$$

函数 $\Phi(t,\ f)$ 是时频平面的二维低通滤波器，由式(3.34) 可以看到，二次型时频分布在时频平面任意点 $(t,\ f)$ 的值是所有 $\Phi(t',\ f')\cdot WVD_x(t-t',\ f-f')$ 之和，它可以看作是在 $(t,\ f)$ 的邻近点 $(t-t',\ f-f')$ 上的原信号的 $WVD_x(t,\ f)$ 经过核函数加权后求平均，即 $QTFR_x(t,\ f)$ 就是以 $(t,\ f)$ 为中心的邻域内的信号能量的平均值，并以核函数 $\Phi(t',\ f')$ 的支撑区为其支撑区. 这一平均使核函数内摆动的交叉项减少，但同时也会对信号项起抹平作用，破坏了信号项的集中性，使其时频聚集性降低. 因为，尽管 WVD 在某时频点 $(t,\ f)$ 处没有任何能量，但如果在其周围存在非零值，那么经过核函数平滑后，$QTFR_x(t, f)$就会出现非零值，解决此矛盾的一种有效办法是改变这个平均点的归属，重新分配它到时频分布的能量的引力重心，引力重心对应的坐标为：

$$\hat{t}(t, f) = t - \frac{\int_{-\infty}^{\infty}\int_{-\infty}^{\infty} t' \cdot \Phi(t', f') WVD_x(t-t', f-f')\mathrm{d}t'\mathrm{d}f'}{\int_{-\infty}^{\infty}\int_{-\infty}^{\infty} \Phi(t', f') WVD_x(t-t', f-f')\mathrm{d}t'\mathrm{d}f'} \tag{3.35}$$

$$\hat{f}(t, f) = f - \frac{\int_{-\infty}^{\infty}\int_{-\infty}^{\infty} f' \cdot \Phi(t', f') WVD_x(t-t', f-f')\mathrm{d}t'\mathrm{d}f'}{\int_{-\infty}^{\infty}\int_{-\infty}^{\infty} \Phi(t', f') WVD_x(t-t', f-f')\mathrm{d}t'\mathrm{d}f'} \tag{3.36}$$

重排引起对时频分布的重构，重排的时频分布为：

$$P_M(t', f') = \int_{-\infty}^{\infty}\int_{-\infty}^{\infty} P(t, f)\delta(t' - \hat{t}(t, f))\delta(f' - \hat{f}(t, f))\mathrm{d}t\mathrm{d}f \tag{3.37}$$

重排时频分布不再满足双线性，但保持了时频移不变和能量守恒性质，对 Chirp 信号也有理想的局部性[36]。

在 Cohen 类时频分布中，平滑效果较好的当选平滑的伪 WVD (SPWVD)，因有一个可分离的核函数 $\Phi(t, f) = g(t)H(f)$，允许独立地控制在时间和频率方向上的平滑，

$$SPWVD_{g,h}(t, f) = \int_{-\infty}^{\infty}\int_{-\infty}^{\infty} g(u)h(\tau)x\left(t-u+\frac{\tau}{2}\right)x^{*} \cdot \left(t-u-\frac{\tau}{2}\right)\mathrm{e}^{-\mathrm{j}2\pi f\tau}\mathrm{d}u\mathrm{d}\tau \tag{3.38}$$

其重排的坐标为：

$$\hat{t}(t, f) = t - \frac{SPWVD_{Tg, h}(t, f)}{SPWVD_{g, h}(t, f)} \tag{3.39}$$

$$\hat{f}(t, f) = f + \mathrm{j}\frac{SPWVD_{g, Dh}(t, f)}{SPWVD_{g, h}(t, f)} \tag{3.40}$$

式中 T 为乘积算子，D 是微分算子，其定义分别为 $Tg(t) = tg(t)$ 和 $Dh(t) = \frac{\mathrm{d}}{\mathrm{d}t}h(t)$. 相应的重排的平滑伪 WVD（RSPWVD: Reassignment SPWVD)定义为：

$$RSPWVD_{g, h}(t, f) = \int_{-\infty}^{\infty}\int_{-\infty}^{\infty} SPWVD_{g, h}(t, f)\delta(t' - \hat{t}(t, f)) \cdot \delta(f' - \hat{f}(t, f))\mathrm{d}t'\mathrm{d}f' \tag{3.41}$$

重排的时频分布只是增加了两个傅立叶变换，采用快速傅立叶变换算法，可以有效而快速地计算每一个重排的时频分布的，并不增加太多的计算量. 当某一点的时频分布为零，不必要对该点进行重排，可进一步提高时频重排的速度.

3.3.2 基于时频重排-Hough 变换的算法步骤

该算法主要包括四个部分，首先作出信号的时频分布图并对其进行时频重排，然后读入时频重排后的图像并进行 Hough 变换，其次在某个阈值下寻找 Hough 变换的局部极大值(尖峰)，尖峰的个数就是图像中直线的条数，也即 Chirp 分量的个数，最后将尖峰所对应的坐标值转换为 Chirp 分量的参数. 具体步骤如下：

步骤 1 选择一种双线性时频分布，对多分量 Chirp 信号作出其时频分布图及其重排的时频分布.

```
N=256; t=1: 1: 256;
sig=fmlin(N, 0.1, 0.4)+fmlin(N, 0.2, 0.5); 产生 Chirp 信号
g=window(21, 'kaiser');
h=window(47, 'Kaiser');
```

noise＝noisecg(N)；

SNR＝－1；

y＝sigmerge(sig, noise, SNR)；加入一定信噪比的噪声

figure(1)；tfrrspwv(y, t, 128, g, h)，作出信号的 RSPWV 分布图

步骤 2 读入时频重排后的图像并对其进行 Hough 变换. 对于离散的有限的数字图像来说，Hough 变换就是将所有可能直线的参数空间量化为有限的参数表的过程.

(1) 读入图像 IM＝tfrrspwv(y, t, 128, g, h)；

(2) 参数空间里建立一个二维数组 **A** 并初始化数组的值为零；

(3) 对图像空间的每一个给定的点，对所有通过该点的曲线参数进行累加即让 ρ 取遍所有可能值，其取值范围为 $[0, \sqrt{X_{\max}^2 + Y_{\max}^2/2}]$，并根据式(3.24)算出对应的 θ 值；

(4) 根据 ρ 和 θ 的值对数组 **A** 进行累加；

(5) [ht, rho, theta]＝htl(IM, N, N, 1)

步骤 3 图像中在同一条直线上的点越多，对应的统计值就越大，找出超过某个阈值的最大统计值，就可以确定图像空间的一条直线，从而确定检测到一个 Chirp 成分的存在. 由于数组 $\mathbf{A}(\rho, \theta)$ 的值就是在 (ρ, θ) 处共线点的个数，在某个阈值下搜索 **A** 的局部极大值，超过阈值的局部极大值的个数就是图像空间的直线条数.

步骤 4 将局部极大值对应的坐标转换为 Chirp 分量的初始频率和调频斜率这两个参数. 数组 $\mathbf{A}(\rho, \theta)$ 的值就是在 (ρ, θ) 处共线点的个数，同时 (ρ, θ) 值也给出了直线的参数，将在步骤 3 得到的每个局部极大值所在的坐标 (ρ, θ)，根据式(3.26)换算，得到每个 Chirp 分量的初始频率 f_0 和调频斜率 m，完成参数估计.

3.3.3 仿真实验结果

图 3.6 所示的 SPWVD 进行时频重排，得到重排的平滑伪 WVD，同一信号的 RSPWVD 如图 3.7(a)所示，与图 3.6(a)相比，时

频聚集程度明显提高，对 RSPWVD 进行 Hough 变换，如图 3.7(b)所示，与图 3.6(b)相比，参数空间的尖峰幅度增大，尖峰的位置更准确，从而也提高了检测门限和参数估计的精度.

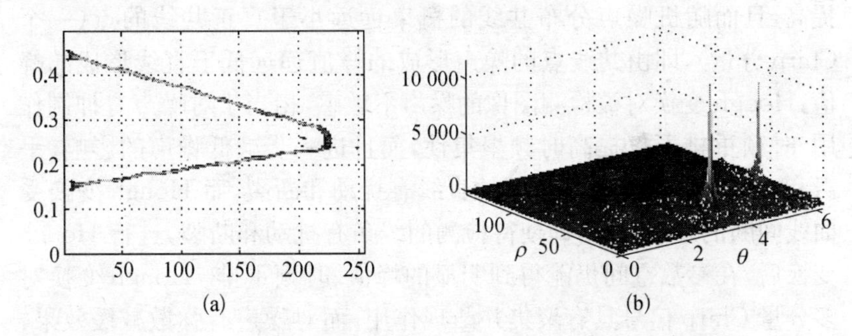

图 3.7 两个 Chirp 信号的 RSPWVD 及 Hough 变换

重排不仅提高了检测门限和参数估计的精度，还大大缩短了 Hough 变换的运行时间，表 3.2 给出了两个 Chirp 信号，数据长度为 $N=128$，在几种信噪比下重排前和重排后完成 Hough 变换所用的时间(单位：秒)，即使考虑到重排所需的时间，提出的算法也大大缩短了重排前 Hough 变换所需要的时间.

表 3.2 在几种信噪比下重排前后完成 Hough 变换所用的时间

	无噪声	$SNR=10$	$SNR=0$	$SNR=1$	$SNR=-1$	$SNR=-10$
SPWVD	21.87	26.30	34.26	45.05	55.57	87.35
RSPWVD	3.53	5.05	5.95	6.91	7.57	10.89

受噪声干扰的两个 Chirp 信号，信噪比为 −1 dB，该信号的 SPWVD 如图 3.8(a)所示，噪声随机分布在其中，从时频平面并不容易辨别有几条直线存在. 同一信号的 RSPWVD 如图 3.8(c)所示，时频重排后，噪声的影响明显减少，对 SPWVD 和 RSPWVD 进行 Hough 变换，如图 3.8(b)、3.8(d)所示，尽管它们在参数空间都形成

了两个尖峰，但两者比较可以看出，在图 3.8(b)中的尖峰的幅度较低，且存在许多虚假尖峰，低阈值下检测可能会误认为有三个 Chirp 分量存在，而经过时频重排后在进行 Hough 变换，其尖峰的幅度明显提高，且而随机噪声分布共线的概率远远小于真正共线的点(一个 Chirp 分量)，即由共线点的噪声形成的峰值远远低于直线形成的峰值，Hough 变换对被检测图像的噪声不敏感，相当于对噪声有抑制作用. 时频重排不仅提高时频聚集性，而且进一步减低噪声的影响，平滑和重排也可能使时频平面的直线有扰动和断裂，而 Hough 变换受曲线间断的影响较小，即使待检测的线条有扰动和断裂，进行 Hough 变换后，在参数空间仍能得到明显的峰值. 时频重排- Hough 变换对多分量 Chirp 信号具有聚集并凸现作用，而对噪声有弥散减缓效果，这也正是低信噪比下识别和检测淹没在噪声中 Chirp 信号的依据. 所以，基于时频重排- Hough 变换的多分量 Chirp 信号的检测和参数估计方法有较强的抗干扰性能.

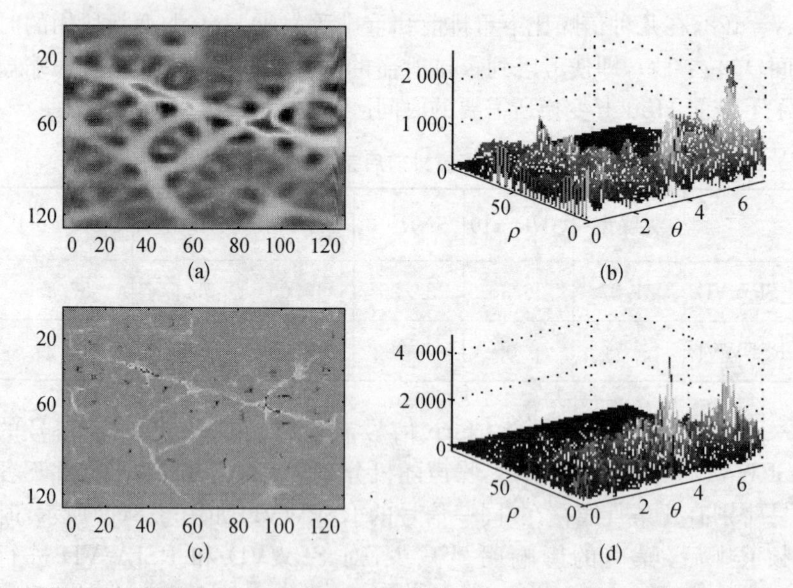

图 3.8　时频重排- Hough 的抗噪声性能(两个 Chirp 信号，SNR=－1 dB)

此外，当交叉项与信号项重叠时，通过核函数平滑的方法无论如何也无法抑制交叉项的影响. 如果交叉项与信号项在图像空间重叠时，则进行 Hough 变换时，并不影响信号项在参数空间里尖峰的形成，只是尖峰的幅度会产生一些误差，但不影响后续的检测和参数估计. 能抑制与信号自项重叠的交叉项的影响是该方法区别于其他方法的特点之一.

3.3.4 抽取 QTFD 图像脊- Hough 变换的改进方法

将多分量 Chirp 信号的时频分布图像，变换到参数空间来检测图像中直线并获得相应的参数，并不要求可逆变换，即并不要求合成原来的信号，为了提高 Hough 变换对直线定位的准确性和减少 Hough 变换运行时间，在保留直线所代表的原信号信息不变的条件下，希望直线越细越好. 为此，引入图像处理中的细线化、骨架化和抽取图像脊等概念和方法，求图像的骨架就是对图像细化过程，先进行细化有助于突出形状特点和减少冗余信息. 图像细化后的骨架是图像的中心线，并保持了原图像的连通性，是描述图像几何及拓扑性质的重要特征之一，它决定了物体路径的形态. 细线化和骨架化就是从线条中找出位于中央部位的宽度大致为一个象素的中心线来，即针对图形边缘上的点，观察其相邻点的状况，在不破坏图形连结性的情况下，逐渐消去位于边缘上的点，实现细线化，这种细化方法一般需要按照从上至下，从左至右，从下至上，从右至左的顺序对图像反复处理多次，需要多种细化模板，操作较为麻烦[77]. 将多分量 Chirp 信号的时频分布作为图像，图像的脊标记了信号能量在时频平面最为集中的区域，包含了信号的特征信息，反映了原信号的全部特征[78]，抽取图像脊没有丢失多分量 Chirp 信号的初始频率和调频斜率等参数信息，提出了对平滑后的时频分布图像抽取图像脊后，再进行 Hough 变换的进一步改进方法.

文献[79]提出的 Snake 方法抽取图像脊只适合于图像中只有一个脊的情况，对本文的多分量 Chirp 信号的检测和参数估计的目的不适用. 文献[78]采用 Crazy Climber 算法虽可同时抽取多条脊,但对噪声的稳健性需要改进. 我们利用文献[36]提出的时频重排算法,对多分量 Chirp 信号的双线性时频分布图重新计算时频分布的重心来提高时频聚集性,同时得到图像中的多条脊,达到对图像中的直线进行细化的目的.

对上述两个 Chirp 信号的 SPWVD 施加基于时频重排的抽取图像脊算法,得到图像脊如图 3.9(a)所示,其 Hough 变换如图 3.9(b),与图 3.8(d)相比,抽取 QTFD 图像的脊- Hough 变换方法明显地提高了参数空间的尖峰幅度,提高了检测门限和参数估计精度,同时直线变细使 Hough 变换的运行时间大大减少. 抽取图像脊后,噪声和交叉项干扰也明显减少,所以抽取图像脊- Hough 变换方法对噪声有进一步抑制作用.

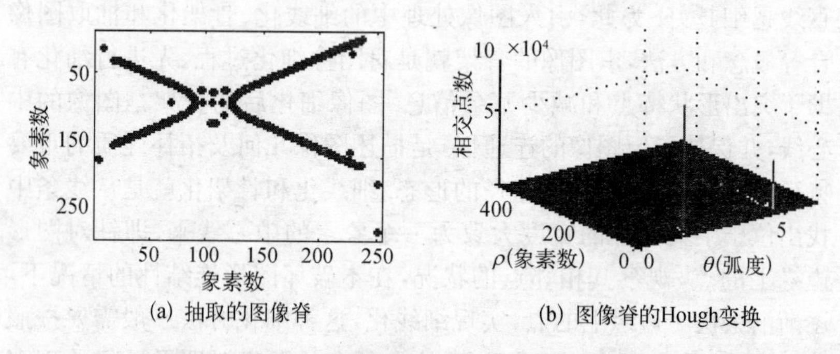

(a) 抽取的图像脊　　(b) 图像脊的Hough变换

图 3.9　抽取的图像脊及其 Hough 变换

3.4　与 Chirp -傅立叶变换的方法比较

3.4.1　连续形式的 Chirp -傅立叶变换

对于形如 $x(t)=\sum_i a_i e^{j\omega_i \varphi(t)}$ 的信号,其中 $\varphi(t)$ 为单调有界函数,定义匹配傅立叶变换的一般形式为[80]:

$$X(\omega)=\langle x(t),\ \mathrm{e}^{\mathrm{j}\omega\varphi(t)}\rangle=\int_{-\infty}^{\infty}x(t)\mathrm{e}^{-\mathrm{j}\omega\varphi(t)}\mathrm{d}\varphi(t) \tag{3.42}$$

$$x(t)=\frac{1}{2\pi}\int_{-\infty}^{\infty}X(\omega)\mathrm{e}^{\mathrm{j}\omega\varphi(t)}\mathrm{d}\omega \tag{3.43}$$

匹配傅立叶变换特殊意义在于考虑积分路径，同一信号 $x(t)$ 在不同的 $\varphi(t)$ 条件下，变换后所得到的效果是不同的，也就是说同一信号 $x(t)$ 在不同的正交系中的投影是不一样的.

对于形如 $x(t)=\sum_{i=1}^{N}\mathrm{e}^{\mathrm{j}\left(\omega_{0i}t+\frac{1}{2}m_i t^2\right)}$ 的多分量 Chirp 信号，其匹配傅立叶变换为：

$$X_c(\omega,\ m)=\langle x(t),\ \mathrm{e}^{\mathrm{j}\left(\omega t+\frac{1}{2}mt^2\right)}\rangle=\int_{-\infty}^{\infty}x(t)\mathrm{e}^{-\mathrm{j}\left(\omega t+\frac{1}{2}mt^2\right)}\mathrm{d}t \tag{3.44}$$

其中 ω 为信号的初始频率，m 为调频斜率，称这种形式的匹配傅立叶变换为 Chirp－傅立叶变换(CFT). Chirp－傅立叶变换是匹配傅立叶变换的一种具体形式，它的基函数取线性调频信号的形式，因此用它来分解 Chirp 类型信号进而估计 Chirp 信号的参数是有利的. 从式(3.44)还可以看出，Chirp－傅立叶变换实际上是先对信号进行补偿再对其进行傅立叶变换，类似于“时域解线调和频域解线调”的概念，如果选择合适的调频斜率，将 Chirp 的线性调频因素完全抵消掉，Chirp 信号就退化为一个单频信号，则其傅立叶变换在相应的频率处呈现极大值，为了选择合适的调频斜率，将其作为另一个变量，与初始频率一起构成二维平面，当这两个变量与待分析的 Chirp 信号的初始频率和调频斜率一致时，在相对应的位置处，$|X_c(\omega,\ m)|$ 将呈现极大值，通过搜索局部极大值，就可以检测 Chirp 信号的存在，并根据极大值出现的位置来估计 Chirp 信号的初始频率和调频斜率这两个参数.

令 $x(t)$ 是一个单分量线性调频信号，即

$$x(t) = e^{j(\omega_0 t + m_0 t^2)} \tag{3.45}$$

根据(3.44)式的定义，可求得其 Chirp-傅立叶变换为：

$$\begin{aligned} X_c(\omega, m) &= \int_{-\infty}^{\infty} \exp\{j[(m_0 - m)t^2 + (\omega_0 - \omega)t]\}dt \\ &= 2\int_0^{\infty} \cos(m_0 - m)t^2 \cos(\omega_0 - \omega)t dt + \\ &\quad 2j\int_0^{\infty} \sin(m_0 - m)t^2 \cos(\omega_0 - \omega)t dt \\ &= \frac{1}{|m_0 - m|^{\frac{1}{2}}}[1 + \sin(m_0 - m)]\exp\left[-j\frac{(\omega_0 - \omega)^2}{4(m_0 - m)}\right] \end{aligned} \tag{3.46}$$

当初始频率和调频斜率两者都匹配时，即 $\omega = \omega_0$，$m = m_0$，则该信号的 Chirp-傅立叶变换为无穷大的极值，即 $X_c(\omega, m) = \infty$；否则它是一个有限的值，即 $X_c(\omega, m) < \infty$，$\omega \neq \omega_0$，$m \neq m_0$.

3.4.2 离散形式的 Chirp-傅立叶变换

为了计算 Chirp-傅立叶变换，必须定义其离散形式的 Chirp-傅立叶变换(DCFT：Discrete Chirp Fourier Transform)，首先从长度为 N 的序列 $x(n)$ 的 DFT 变换的定义开始：

$$X(k) = \frac{1}{\sqrt{N}}\sum_{n=0}^{N-1} x(n)W_N^{nk}, \qquad 0 \leqslant k \leqslant N-1 \tag{3.47}$$

$$x(n) = \frac{1}{\sqrt{N}}\sum_{k=0}^{N-1} X(k)W_N^{-nk}, \qquad 0 \leqslant n \leqslant N-1 \tag{3.48}$$

这里 $W_N = e^{-j\frac{2\pi}{N}}$. 当 $x(n)$ 是单频信号，即 $x(n) = e^{j2\pi\frac{k_0}{N}n}$，其中 k_0 是介于 0 到 $N-1$ 的一个整数，其 DFT 在频率 k_0 处与它完全匹配，即 $X(k) = \sqrt{N}\delta(k - k_0)$；当 $x(n)$ 具有 p 个谐波成分，即 $x(n) = \sum_{i=1}^{P} A_{k_i} e^{j2p\frac{k_i}{N}n}$ 时，则

其 DFT 在这些 p 个频率处与之匹配，即 $X(k)=\sqrt{N}\sum_{i=1}^{p}A_{ki}\delta(k-k_i)$. 对于长度为 N 的序列 $x(n)$，其 N 点 DCFT 定义如下：

$$X_c(k,\ l)=\frac{1}{\sqrt{N}}\sum_{n=0}^{N-1}x(n)W_N^{ln^2+kn}\quad 0\leqslant k,\qquad l\leqslant N-1 \tag{3.49}$$

其中 k 为 Chirp 信号的初始频率，l 为调频斜率. 从与(3.47)式的比较可以看出，对于每一个固定的调频斜率 l 来说，$\{X_c(k,\ l)\}_{0\leqslant k\leqslant N-1}$ 是信号 $x(n)W_N^{ln^2}$ 的 DFT；当调频斜率 $l=0$ 时，DCFT 就退化为 DFT，因而 DCFT 的反变换为：

$$x(n)=W_N^{-ln^2}\ \frac{1}{\sqrt{N}}\sum_{n=0}^{N-1}X_c(k,\ l)W_N^{-nk},\qquad 0\leqslant n\leqslant N-1 \tag{3.50}$$

这样可以借助 FFT 来计算 DCFT，其运算量为 $O(N^2\log N)$.

可以证明[81]：对于单分量 Chirp 信号 $x(n)=\mathrm{e}^{-\mathrm{j}\frac{2\pi}{N}(l_0n^2+k_0n)}$，$k_0$，$l_0$ 分别是 Chirp 信号的初始频率和调频斜率，$0\leqslant k_0$，$l_0\leqslant N-1$，且 k_0，l_0 都是整数，当 N 是素数时，则：

$$|X_c(k,\ l)|=\begin{cases}\sqrt{N} & l=l_0,\ k=k_0\\ 1 & l\neq l_0\\ 0 & l=l_0,\ k\neq k_0\end{cases} \tag{3.51}$$

当 N 不是素数时，此时

$$\max_{(k,\ l)\neq(k_0,\ l_0)}|X_c(k,\ l)|\geqslant\sqrt{2} \tag{3.52}$$

即对于单分量 Chirp 信号 $x(n)=W_N^{-(l_0n^2+k_0n)}$，当它的 N 点 DCFT 的 k 和 l 与该信号固有的初始频率 k_0 和调频斜率 l_0 匹配时，在$(k_0,\ l_0)$处出现主瓣尖峰，其峰值为 $\sqrt{N}$，而此时所有未匹配的旁瓣的最大值与

序列的长度 N 有关,当 N 为素数时,所有未匹配的旁瓣均为 1;当 N 是素数时,所有未匹配的旁瓣的最大值大于$\sqrt{2}$. 这样,我们通过对未知参数的 Chirp 信号进行 DCFT,其峰值点对应的坐标即为信号初始频率 k_0 和调频斜率 l_0,从而达到参数估计与检测的目的. 由于 DCFT 是一种线性变换,对于多分量 Chirp 信号也会有同样的结论.

3.4.3 仿真验证结果

取数据长度为素数,$N=23$,调频斜率和初始频率分别为 $l_0=6$,$k_0=15$,假设无噪声影响. 实验结果如图 3.10 所示,在相应的调频斜率和初始频率处出现一个明显的尖峰,这样可以通过搜索尖峰和尖峰的坐标来检测 Chirp 信号并估计其参数.

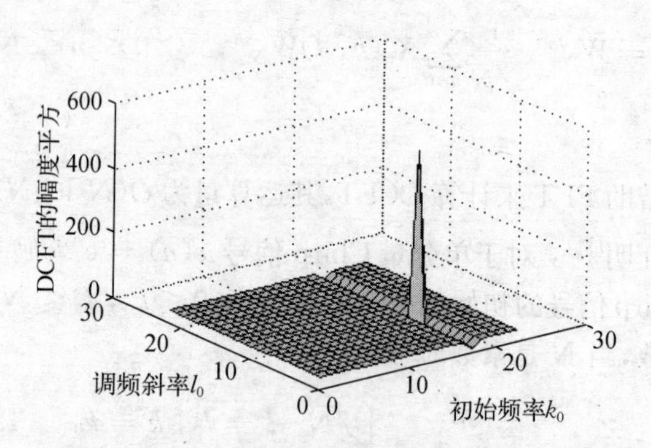

图 3.10　数据长度为素数 N=23 时,单个 Chirp 信号的 DCFT 的幅度平方

再考虑含有三个 Chirp 分量的信号,数据长度仍然取素数,$N=67$,该信号 DCFT 的幅度平方,如图 3.11 所示,可以检测到三个明显的尖峰,从而可以确定该信号有三个 Chirp 分量,但估计值和真实值相差较大.

对上述同一信号,取数据长度为非素数,$N=80$, 其 DCFT 的幅度平方如图 3.12 所示, 尽管也出现了尖峰,但不匹配的旁瓣的峰值也较大,以至于无法正确地检测 Chirp 信号.

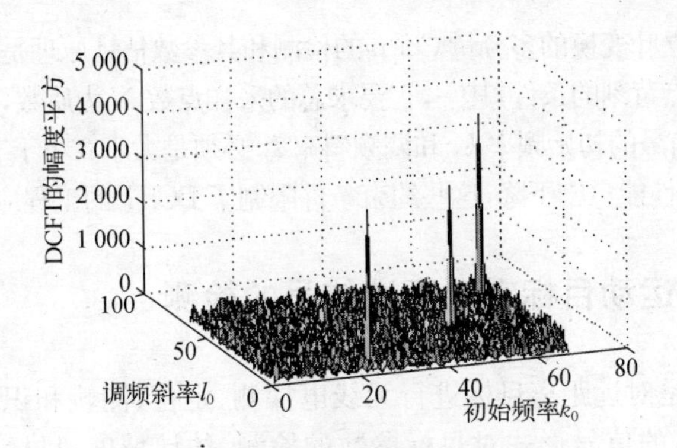

图 3.11　数据长度取素数 $N=67$,三个 Chirp 信号的 DCFT 的幅度平方

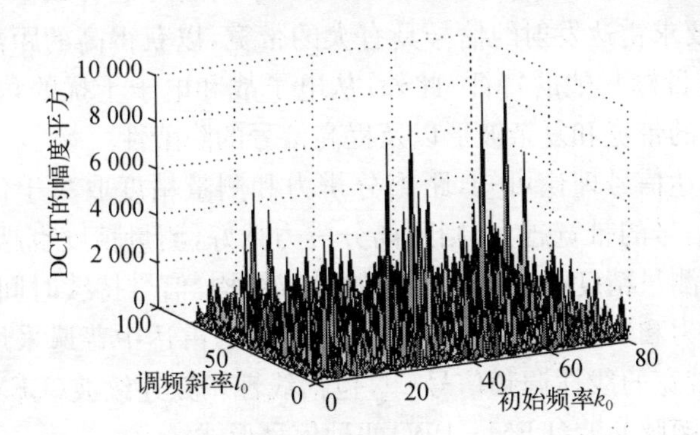

图 3.12　数据长度取非素数,$N=80$,三个 Chirp 信号的 DCFT 的幅度平方

综上所述,从仿真结果来看,当 DCFT 的长度 N 是素数时,信号中有较少的 Chirp 成分时,Chirp－傅立叶变换都能很好地与各个分量匹配,在相对应的初始频率和调频斜率处出现尖峰,可以正确地检测 Chirp 分量并估计其参数,但当数据长度不是素数时,尽管 DCFT 也能出现尖峰,但不匹配旁瓣的幅度大大增大,以至于无法正确地检测.由于 DCFT 是一种线性变换,对于多分量 Chirp 信号,不会产生交叉项,在各自对应的参数处呈现峰值,但估计值和真实值相差较大.应该指出,基于

Chirp-傅立叶变换的多分量 Chirp 的检测和其参数估计原理是正确的，但这里有两点苛刻的条件，其一，它要求总的采样点数 N 为质数，其二，它要求 Chirp 信号的初始频率 k_0 和调频斜率 l_0 必须是大于 0 小于 $N-1$ 的整数，否则其性能急剧下降，这些约束条件限制了 DCFT 的工程应用.

3.5 多运动目标雷达回波信号的检测

雷达是对远距离目标进行无线电探测、定位、测轨和识别的电子设备，雷达的信号形式对目标参数的检测、估计精度、目标识别能力和抗干扰性能等都有着深刻的影响，尤其是现代雷达已不单是完成对目标位置、速度等信息的提取，而且要求对目标进行成像分析和识别，这就要求雷达发射的信号具有大的带宽，以获得高的距离分辨力和激励出目标其他的特征. 此外，从电子战和电子干扰的角度讲，要求具有大的带宽和复杂波形以及提高信号的隐蔽性.

由雷达信号理论可知，距离分辨力和测量精度取决于信号的频域结构，信号的带宽越大，则距离分辨力越好，测量精度也越高；速度分辨力和测量精度则取决于信号的时域结构，信号持续时间越长，则速度分辨力和测量精度越高，在各种体制的雷达中普遍采用具有大时宽、大带宽的线性调频信号[82]，包括线性调频连续波（LFM-CW）和线性调频脉冲波（LFM-PW）两种信号形式.

在 t 时刻雷达与运动目标的距离 $R(t)$ 可近似为[83]：

$$R(t) = R_0 - v_r t + [(V - v_c)^2 - R_0 a_r][t^2/2R_0] \quad (3.53)$$

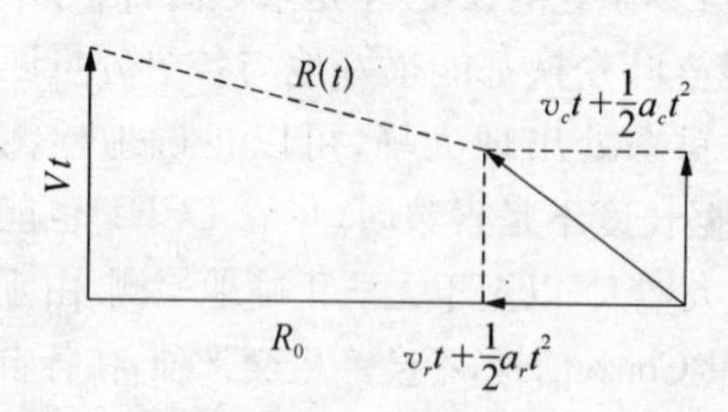

图 3.13 雷达与运动目标的关系示意图

其中 R_0 为零时刻雷达与目标的距离，V 为载机运动速度，将运动目标分解为相对于载机的径向分量和切向分量，v_r、a_r 分别是径向速度和加速度，v_c、a_c 分别是切向速度和加速度，如图 3.13 所示. 考虑雷达发射连续波的情况，并忽略距离压缩的影响，接收的回波信号为：

$$x(t) = \sigma_T \beta(t) \exp(\mathrm{j}\Psi_T) \exp(-\mathrm{j}4\pi R(t)/\lambda) \tag{3.54}$$

其中，σ_T 为一常数，与目标的雷达反射截面积有关，Ψ_T 为目标反射回波的起始相位，$\beta(t)$ 为受雷达天线方向图调制项，这三项的影响一般不予考虑，λ 为载波波长，回波的全部信息体现在相位上. 将(3.53)式带入(3.54)式，并忽略 R_0 引起的常数相位项，则：

$$x(t) = \exp(\mathrm{j}2\pi f_{d0} t) \exp(\mathrm{j}\pi K t^2) \tag{3.55}$$

其中 $f_{d0} = 2v_r/\lambda$ 为多普勒质心，$K = [2/(\lambda R_0)][-(V-v_c)^2 + R_0 a_r]$ 为调频斜率，所以运动目标回波可以近似为线性调频信号，Chirp 信号的参数携带着关于运动目标的重要信息.

编队多目标雷达回波信号可近似为多个频率相近、幅度恒定的线性调频信号的线性组合，其数学模型为：

$$x(t) = \sum_i A_i \exp[\mathrm{j}2\pi(f_{d0i} + K_i t^2/2)] \quad 0 \leqslant t \leqslant T \tag{3.56}$$

式中 A_i 是第 i 个运动目标的雷达回波信号的幅度，均匀分布的地杂波可以看作是叠加在目标信号中的白噪声，所以，多目标雷达回波信号可用噪声中多分量线性 Chirp 信号来近似表示，其数学模型为：

$$y(t) = x(t) + v(t) \tag{3.57}$$

式中 $v(t)$是均值为零，方差为 σ 的高斯白噪声，$x(t)$为携带信息的信号，如(3.57)所表示，其参数携带着关于运动目标的重要信息. 所以，对噪声中的多分量 Chirp 信号的检测与参数估计有实际意义.

假设雷达处于正侧视工作状态，选用如下的仿真参数：雷达与目标的距离 $R_0 = 50$ km，雷达载机飞行速度 $V = 200$ m/s，雷达波长 $\lambda =$ 3 cm，脉冲重复频率为 500 Hz，处理脉冲数 256 个. 假设有 4 个强度相等的点目标，其目标径向运动速度 v_r 分别为 2 m/s，1 m/s，3.5 m/s，1.5 m/s，切向运动速度 v_c 分别为 5 m/s，10 m/s，8 m/s，

4 m/s，径向加速度 a_r 分别为 3.76 m/s^2，2.2 m/s^2，4.5 m/s^2，6.88 m/s^2，切向加速度 a_c 不影响回波信号的形式，这里忽略不计[83]. 根据这些参数可以计算出 4 个目标回波信号的多普勒质心 f_{d0} 分别为 133 Hz，66 Hz，233 Hz，100 Hz，调频斜率 K 分别为 200 Hz/s，100 Hz/s，250 Hz/s，400 Hz/s.

在 4 个目标存在的情况下，回波信号的 WVD 如图 3.14(a)所示，4 个目标信号和交叉项混杂在一起，从信号的 WVD 中不容易分辨出有几个目标，该信号重排的平滑伪魏格纳-威利分布(RSPWV)如图 3.14(b)所示，平滑使交叉项大大减少，时频重排不仅使时频聚集性提高，也进一步抑制了交叉项，从 RSPWV 中可以比较清晰的辨别出有 4 个目标存在.

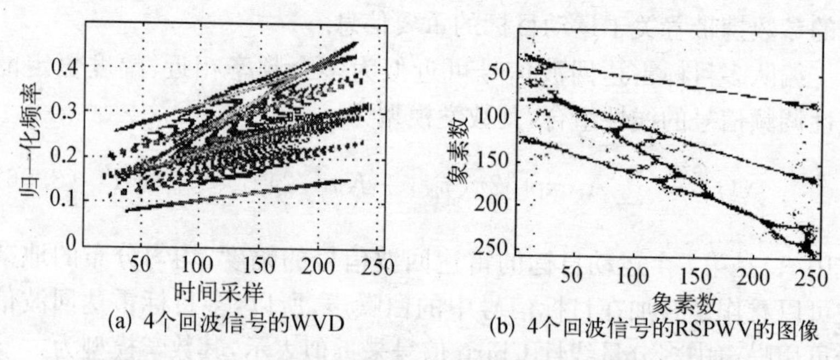

(a) 4个回波信号的WVD　　(b) 4个回波信号的RSPWV的图像

图 3.14　4 个目标回波信号的 WVD 和重排的平滑伪 WVD

为了估计运动目标的参数，对 RSPWV 进行 Hough 变换，如图 3.15(a)所示，Hough 变换将 RSPWV 的 4 条直线变换为参数空间的 4 个尖峰，在合适的阈值下，对 Hough 变换结果的矩阵，按行或者列搜索局部极大值，画出按矩阵的列搜索的局部极大值曲线，如图 3.15(b)所示，就可以确定雷达回波信号中包含的运动目标的个数，再根据每个局部极大值对应的矩阵的行坐标，按照局部极大值对应的行坐标和列坐标，查找对应的 θ, ρ 值，并通过式(3.26)换算，可以得到每个运动目标的多普勒质心和调频斜率两个参数，从而得到运动目标的速度和加速度等信息.

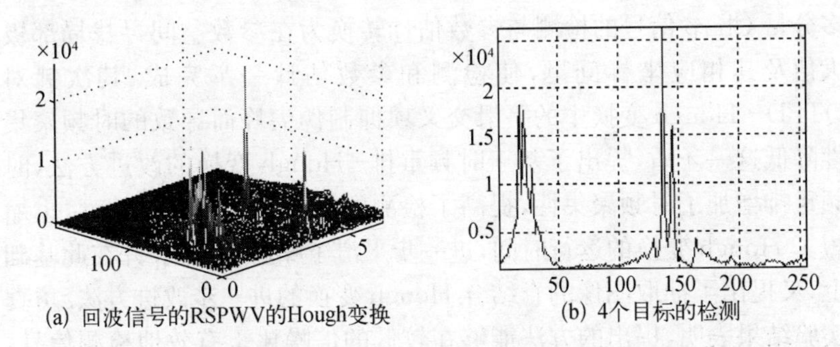

(a) 回波信号的RSPWV的Hough变换　　(b) 4个目标的检测

图 3.15　4 个目标回波信号的 RSPWV 的 Hough 变换及其局部极大值

强地杂波下的多目标雷达回波信号可用受噪声影响的多分量 Chirp 信号来近似表示，对以上雷达回波信号加入零均值的高斯白噪声来模拟地杂波的存在，信噪比为 $SNR=-1$ dB，根据以上步骤，可以得到 Hough 变换的局部极大值如图 3.16 所示，在较低的信噪比下，仍然能够辨别出 4 个目标的存在.

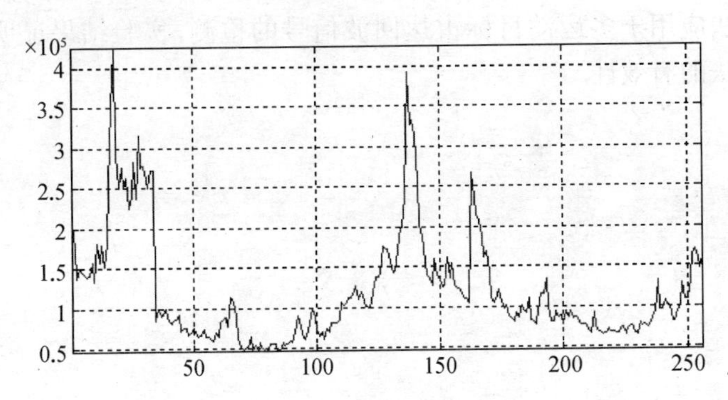

图 3.16　*SNR*＝－1 dB 时 4 个目标信号的 RSPWV 的 Hough 变换的局部极大值

3.6　本章小结

本章给出了基于 QTFD－Hough 变换的方法，该方法将噪声中多分量Chirp信号的检测与参数估计转换为在参数空间寻找局部极大值及其相应坐标问题,使检测和参数估计一举完成. 其次针对QTFD-Hough变换中的平滑交叉项抑制伪尖峰而导致的时频聚集性降低这一矛盾,提出了基于时频重排-Hough变换的改进方法,时频重排增加了时频聚集性,提高了检测的门限和参数估计精度,也缩短了Hough变换的运行时间,进一步平滑了噪声的影响. 并在此基础上,又提出了抽取图像的脊结合Hough变换的进一步改进方法. 仿真实验结果表明,提出的方法能够在较低的信噪比下有效地检测信号,并正确地估计信号的参数,且不受交叉项影响,尤其可以抑制与信号项重叠的交叉项. 基于时频重排-Hough变换对多分量Chirp信号的检测与参数估计方法,与RWT方法下相比,不受交叉项影响,且避免了计算RWT的烦琐过程;与Chirp-傅立叶变换方法相比,不受数据长度为素数和估计的参数一定是整数的限制,该方法可以是任意长度的数据,且估计的参数可以是任意实数. 将时频重排-Hough变换的方法应用于多运动目标雷达回波信号的检测,实验结果证明了这种方法的有效性.

第四章　基于分数阶傅立叶变换的检测方法

傅立叶变换在许多学科都起到了基本工具作用，以 FFT 为核心的频谱分析技术遍及许多工程技术领域，正是这样深入研究和广泛应用，逐渐暴露了傅立叶变换在解决某些问题时的局限. D. Gabor 在 1946 年提出的 Gabor 变换代表改进傅立叶变换的一个方向，短时傅立叶变换体现了信号局部分析的新思想，这个方向的深入研究导致小波分析的出现，而分数阶傅立叶变换（FRFT：Fractional Fourier Transforms），则是改进傅立叶变换的另一个方向.

1980 年，V. Namias 在求解量子力学中一类特殊的偏微分方程的解析解时，运用了傅立叶变换算子的非整数次幂运算，从而提出了分数阶傅立叶变换的概念. 1987 年 A. V. McBride 和 F. H. Kerr 对 V. Namias 提出的分数阶傅立叶变换的定义和性质进行了严谨的数学论证，消除了 V. Namias 定义和性质中的模糊性和不完备性，奠定了其成为线性变换的理论基础[84]. 1993 年，光学专家 A. W. Lohmann 利用傅立叶变换相当于对信号的 WVD 在相空间旋转 $\pi/2$ 角度这一性质，阐述了分数阶傅立叶变换的物理意义，即阶数为 P 的分数阶傅立叶变换相当于对信号的 WVD 在相空间旋转 $P\pi/2$ 的角度，从而提出了分数阶傅立叶变换的第二种定义形式[85]. 1993 年，D. Mendlovic 和 H. M. Ozaktas 利用二次型梯度折射率介质，用光学系统实现了分数阶傅立叶变换[86, 87]，并证明了 V. Namias 的定义和 A. W. Lohmann 定义是等价的[88]. 由于 A. W. Lohmann、D. Mendlovic 和 H. M. Ozaktas 等人的杰出的开拓性工作，FRFT 在光学界得到了研究和发展，并取得了一系列成果[89~92]. 1994 年 L. B. Almeida 发表分数阶傅立叶变换与时频分析一文，FRFT 对信号分析领域一直保持着空白[93]. 近十年来,分数阶傅立叶变换的理论和应用得到学界的关注.

本章研究分数阶傅立叶变换的基本理论. 并分析多分量 Chirp 信号在适当的分数阶傅立叶变换域呈现冲激函数特征的机理. 包括研究 FRFT 的由来、定义、性质、典型信号的分数阶傅立叶变换、分数阶傅立叶域的概念和运算等. 从分数阶傅立叶变换域的核函数、分数阶傅立叶域的自相关函数与模糊函数的关系、FRFT 与其他时频分布的关系等多方面,揭示和分析多分量 Chirp 信号在适当的分数阶傅立叶变换域呈现冲激函数特征,并将此特征应用于直接序列扩频通信中多个宽带 Chirp 干扰的识别与抑制,同时也为第五章提出的基于分数阶傅立叶变换的三参数 Chirp 原子分解方法作理论上的阐述.

4.1 分数阶傅立叶变换的定义与物理意义

4.1.1 傅立叶变换算子的特征函数与特征值

令信号 $x(t)$ 是一个平方可积函数,其傅立叶变换为 $X(f)$,记为 $x(t) \xrightarrow{\mathrm{F}} X(f)$,傅立叶变换的定义为:

$$X(f) = \int_{-\infty}^{\infty} x(t)\exp(-\mathrm{j}2\pi ft)\mathrm{d}t \tag{4.1}$$

$$x(t) = \int_{-\infty}^{\infty} X(f)\exp(\mathrm{j}2\pi ft)\mathrm{d}f \tag{4.2}$$

如果一个函数 $\varphi(t)$ 满足 $\varphi(\lambda) \xrightarrow{\mathrm{F}} \mu\varphi(\lambda)$,即该函数的傅立叶变换和函数本身具有相同的形式并呈比例关系,则该函数称为傅立叶变换的特征函数,μ 为特征值[94],μ 的取值为:

$$\mu = \exp(-\mathrm{j}(\pi/2)n),\text{即 } \mu \in \{1, -\mathrm{j}, -1, \mathrm{j}\} \text{ 或 } \mu^2 = \pm 1 \tag{4.3}$$

傅立叶变换算子的特征函数又称自傅立叶函数(SFF: Self-Fourier

Function)[95],熟知的自傅立叶函数有以下几个：

(1) 高斯函数

$$\varphi(t) = \exp(-\pi t^2) \xrightarrow{\mathbb{F}} \Psi(f) = \exp(-\pi f^2) \tag{4.4}$$

(2) 冲激序列

$$\varphi(t) = \sum_n \delta(t-n) \xrightarrow{\mathbb{F}} \Psi(f) = \sum_n \delta(f-n) \tag{4.5}$$

(3) 厄尔米特—高斯(HG：Hermite - Gaussian)函数

$$\varphi(t) = H_n(t)\exp(-t^2/2) \xrightarrow{\mathbb{F}}$$

$$\Psi(f) = \exp(\mathrm{j}n\pi/2)H_n(f)\exp(-f^2/2) \tag{4.6}$$

傅立叶变换算子的特征函数有很多,一般总是希望它是完备的正交的,而 HG 函数构成了一组完备的正交函数集,归一化的 HG 函数可表示如下：

$$\varphi_n(t) = \frac{\sqrt[4]{2}}{\sqrt{2^n n!}} H_n(\sqrt{2\pi}t)\exp(-t^2) \tag{4.7}$$

式中 $H_n(t) = (-1)\exp(t^2)\dfrac{\mathrm{d}^n}{\mathrm{d}t^n}\exp(-t^2)$ 是 n 阶 Hermite 多项式,为了便于后续内容的理解和推导,表 4.1 给出了它的主要性质.

表 4.1　Hermite 多项式的主要性质[92]

1	$H_0(t) = 1,\ H_1(t) = 2t,\ H_2(t) = 4t^2 - 2,\ H_3(t) = 8t^3 - 12t,\ \cdots$
2	$H_n(t) = (-1)^n\exp(t^2)\dfrac{\mathrm{d}^n}{\mathrm{d}t^n}\exp(-t^2)$
3	$H_{n+1}(t) = 2tH_n(t) - 2nH_{n-1}(t)$
4	$H_n(t) = \left(2t - \dfrac{\mathrm{d}}{\mathrm{d}t}\right)H_{n-1}(t)$

续 表

5	$\lim_{n\to\infty}\frac{(-1)^n\sqrt{n}}{4^n n!}H_{2n}\left(\frac{t}{2\sqrt{n}}\right)=\frac{1}{\sqrt{\pi}}\cos(t)$
6	$\lim_{n\to\infty}\frac{(-1)^n}{4^n n!}H_{2n+1}\left(\frac{t}{2\sqrt{n}}\right)=\frac{2}{\sqrt{\pi}}\sin(t)$
7	$\pi^{-\frac{1}{2}}\exp[-(t^2+t'^2)/2]\sum_{n=0}^{\infty}\frac{1}{2^n n!}H_n(t)H_n(t')=\delta(t-t')$
8	$\int_{-\infty}^{\infty}\exp(-t^2)H_n(t)H_{n'}(t)\mathrm{d}t=2^n n!\sqrt{\pi}\delta_{nn'}$

4.1.2 傅立叶变换算子的分数阶化

信号 $x(t)$可扩展到由 HG 特征函数构成的完备的正交的函数集,信号 $x(t)$可表示为:

$$x(t)=\sum_{n\in\mathbb{Z}}X_n\varphi_n(t) \tag{4.8}$$

扩展系数为:

$$X_n=\int_{-\infty}^{\infty}x(t)\varphi_n^*(t)\mathrm{d}t \tag{4.9}$$

令 μ_n 是与特征函数 $\varphi_n(t)$相对应的特征值,对(4.8)式两端取傅立叶变换,得到:

$$X(f)=\sum_{n\in\mathbb{Z}}\mu_n X_n\varphi_n(f) \tag{4.10}$$

把式(4.9)代入式(4.10),得到:

$$X(f)=\sum_{n\in\mathbb{Z}}\mu_n\varphi_n(f)\int_{-\infty}^{\infty}x(t)\varphi_n^*(t)\mathrm{d}t=\int_{-\infty}^{\infty}x(t)K(f,t)\mathrm{d}t \tag{4.11}$$

则傅立叶变换的变换核为：

$$K(f,\ t)=\sum_{n\in\mathrm{Z}}\mu_n\varphi_n^*(t)\varphi_n(f) \tag{4.12}$$

利用 HG 函数的性质可以进一步推得：

$$\begin{aligned}K(f,\ t)&=\sum_{n\in\mathrm{Z}}\mu_n\varphi_n^*(t)\varphi_n(f)\\&=\sum_{n\in\mathrm{Z}}\exp\left(-\mathrm{j}n\frac{\pi}{2}\right)\varphi_n^*(t)\varphi_n(f)\\&=\exp(-\mathrm{j}2\pi tf)\end{aligned} \tag{4.13}$$

所以,式(4.11)与式(4.1)是等同的,傅立叶变换建立了信号时域表示和频域表示之间的联系,由于时间和频率这两个变量在时频平面相互垂直,所以,完成一次傅立叶变换可以看作是将信号在时频平面旋转 $\pi/2$ 角度.

如果信号在时频平面旋转的角度不是 $\pi/2$ 的整数倍数,而是 $\pi/2$ 的分数倍,信号在这个域的表示将如何？如果说傅立叶变换给出了信号从时域到频域的变换结果,则信号从时域表示到频域表示的演化过程将会怎样？或者说应用傅立叶变换算子不是整数次幂而是分数次幂时,其变换的结果又如何？对这些问题的回答,导致了分数阶傅立叶变换的产生. 由于

$$\varphi(\lambda)\xrightarrow{\mathbb{F}}\mu\varphi(\lambda)\xrightarrow{\mathbb{F}}\mu^2\varphi(\lambda)\xrightarrow{\mathbb{F}}\mu^3\varphi(\lambda)\xrightarrow{\mathbb{F}}\mu^4\varphi(\lambda) \tag{4.14}$$

(4.14)则说明分数阶傅立叶变换和傅立叶变换具有相同的特征函数,都可以取 HG 函数为特征函数,只是对特征值取分数次幂,则 FRFT 的变换核为：

$$K^p(t,\ r)=K^\phi(t,\ r)=\sum_{n\in\mathrm{Z}}\mu_n^p\varphi_n^*(t)\varphi_n(r) \tag{4.15}$$

将(4.7)代入(4.15)式,得到 FRFT 的变换核为：

$$K^p(t, r) = \sum_{n\in\mathbb{Z}} \exp(-\mathrm{j}p\pi/2) \frac{\sqrt[4]{2}}{\sqrt{2^n n!}} H_n(\sqrt{2\pi}t)\exp(-t^2) \cdot \frac{\sqrt[4]{2}}{\sqrt{2^n n!}} H_n(\sqrt{2\pi}r)\exp(-r^2) \tag{4.16}$$

利用 HG 函数的性质对上式进一步简化得到:

$$K^p(t, r) = K^\phi(t, r) = \sqrt{1-\mathrm{j}\cot\phi}\exp[\mathrm{j}\pi(\cot\phi \cdot t^2 + \cot\phi \cdot r^2 - 2\csc\phi \cdot r \cdot t)] \tag{4.17}$$

式中 p 与 ϕ 分别表示分数阶傅立叶变换的阶数或旋转的角度,两者的关系为 $\phi = p\frac{\pi}{2}$. 时域、频域、分数阶傅立叶变换域如图 4.1 所示.

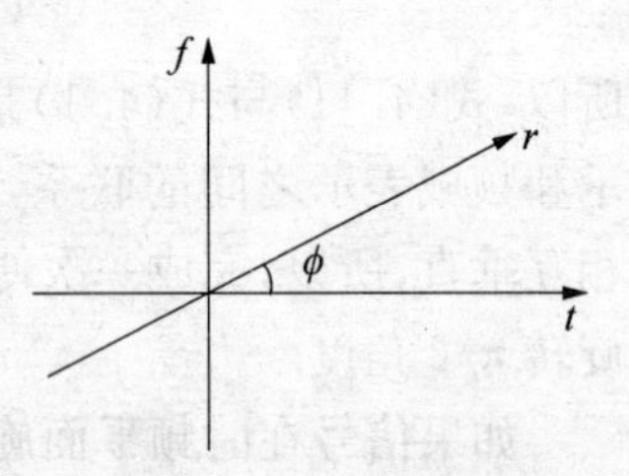

图 4.1 时域、频域、分数阶傅立叶变换域

4.1.3 分数阶傅立叶变换的定义

信号 $x(t)$ 的阶数为 p 的 FRFT 定义为:

$$X^p(r) = X^\phi(r) = (\mathbb{F}^p x)(r) = (\mathbb{F}^\phi x)(r)$$

$$= \begin{cases} x(t) & p=0 \\ X(f) & p=1 \\ x(-t) & p=2 \\ X(-f) & p=3 \\ \sqrt{1-\mathrm{j}\cot\phi}\int_{-\infty}^{\infty} x(t)\exp[\mathrm{j}\pi(\cot\phi t^2 + \\ \quad \pi\cot\phi r^2 - 2\csc\phi tr)]\mathrm{d}t & 0<p<4 \end{cases} \tag{4.18}$$

这里$\mathbb{F}^{p}$或$\mathbb{F}^{\phi}$为分数阶傅立叶变换算子. 从定义可以看出,FRFT 是经典傅立叶变换的广义形式,它包容了信号的时域和频域表示,当不旋转或者旋转的角度为 2π 的整数倍数时,即阶数为 0 的分数阶傅立叶变换就是信号的恒等变换;当旋转角度为 $\pi/2$,即阶数为 1 的 FRFT 则是传统的傅立叶变换;当旋转角度不在以上位置,即 p 为分数时,即为分数阶傅立叶变换,它给出了信号在时频平面任意方位上的表示,当旋转的角度从 0 到 $\pi/2$ 连续变化时,则 FRFT 揭示了信号从时域表示到频域表示的演化过程,$X^p(r)$是以 p 为参数、r 为变量的连续函数,$X^p(r)$同时从时间域和频率域表征信号的特征,当 p 取特殊值时,r 分别退化为时间 t 和频率 f.

应该说明(4.18)的定义中,为了强调说明分数阶傅立叶变换包括了时域表示和频域表示,我们将恒等变换和傅立叶变换及其各自的反转形式也一并列出,实际上,p 为整数的情况可以对(4.18)取极限得到.

4.1.4 分数阶傅立叶变换的核函数在时频平面的比较

为了说明分数阶傅立叶变换的意义,我们对分数阶傅立叶变换的核函数在时频平面作一比较. 分数阶傅立叶变换的变换核如下:

$$K^p(t,\ r)=K^{\phi}(t,\ r)=\begin{cases}\delta(r-t) & \phi=0\\ \exp(-\mathrm{j}2\pi rt) & \phi=\pi/2\\ \delta(r+t) & \phi=\pi\\ \exp(\mathrm{j}2\pi rt) & \phi=3\pi/2\\ \sqrt{1-\mathrm{j}\cot\phi}\exp[\mathrm{j}\pi(\cot\phi\cdot t^2+\cot\phi\cdot r^2-2\csc\phi\cdot tr)], & \text{其他}\end{cases}\tag{4.19}$$

作为变量 t 和 r 的函数,变换核 $K^p(t,\ r)$也称为分数阶傅立叶域的基函数,它是具有线性频率调制的复指数函数,$K^p(t,\ r)$是 p 的连续函数,当 $p=0$ 时,分数阶傅立叶域退化为时间域,时间域的基函数是冲激函数；当 $p=1$ 时，分数阶傅立叶域变成频率域，频率域的基函数是复指数函数. 线性调频复指数、复指数函数和 δ 函数的 WVD 如下：

$$x(t)=\delta(t-t_0)\Rightarrow WVD_x(t,\ f)=\delta(t-t_0) \tag{4.20}$$

$$x(t)=\exp(-\mathrm{j}2\pi f_0 t)\Rightarrow WVD_x(t,\ f)=\delta(f-f_0) \tag{4.21}$$

$$x(t)=\exp\left[\mathrm{j}2\pi\left(\frac{m}{2}t^2+f_0 t\right)\right]\Rightarrow WVD_x(t,\ f)=\delta(f-f_0-mt) \tag{4.22}$$

在时频平面里，分别作出三个信号的 WVD 如图 4.2 所示，时间域的基函数是与频率轴平行且与时间轴垂直的直线，这样的基函数不能给出信号的频率信息，如图 4.2(a)所示；频率域的基函数是与时间轴平行的水平线，如图 4.2(b)所示，不能给出信号的时间信息，傅立叶变换只能给出信号的频率域信息，即频谱分量和每个分量的相对大小，无法揭示这些频率分量何时发生，所以，傅立叶变换只能描

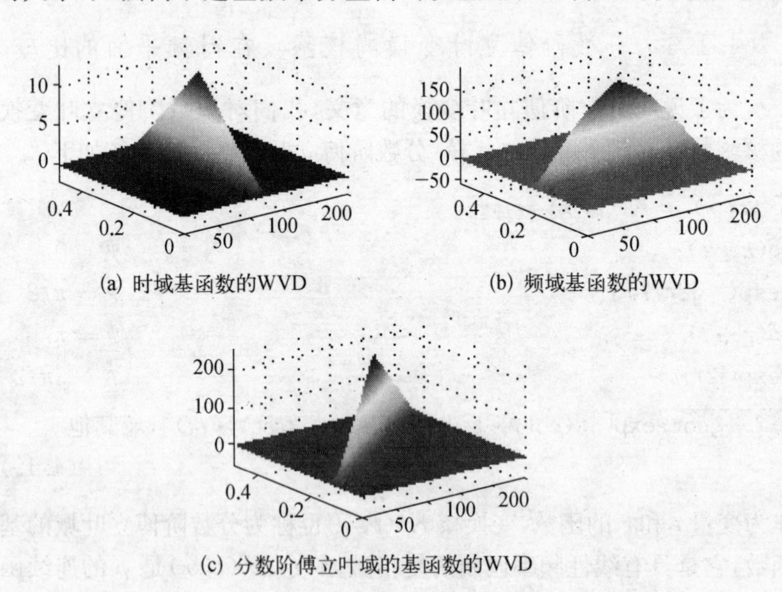

图 4.2　时域、频域、分数阶傅立叶变换域的基函数的 WVD

述频率成分不随时间变化的平稳信号. 而分数阶傅立叶变换域的基函数 $K^p(t, r)$在时频平面是一倾斜的直线,如图 4.2(c)所示,由于存在时间 t 和频率 f 之间的耦合,且耦合的程度由分数阶傅立叶变换的阶数或旋转角度来控制,对于一个非平稳信号,当阶数 p 从 0 连续变化到 1 时,即从时间域变化到频率域的过程,这些非平稳信号在 FRFT 域所呈现的特征是在时间域和频率域所没有的,由于分数阶傅立叶变换域的基函数是 Chirp 信号形式,所以,FRFT 最适合表示多分量 Chirp 信号.

4.1.5 分数阶傅立叶变换的核函数的基本性质

(1) 对称性:
$$K^{\phi}(t, r) = K^{\phi}(r, t) \tag{4.23}$$

(2) 自互易性:
$$K^{-\phi}(t, r) = [K^{\phi}(r, t)]^* \tag{4.24}$$

(3) 周期性:
$$K^{\phi+2\pi n}(t, r) = K^{\phi}(r, t), \quad n \in \mathbb{Z} \tag{4.25}$$

(4) 轴反转性:
$$K^{\phi}(-t, r) = K^{\phi}(t, -r) \tag{4.26}$$

(5) 可加性:
$$\int K^{\phi_1}(t, t')K^{\phi_2}(t', r)\mathrm{d}t' = K^{\phi_1+\phi_2}(t, r) \tag{4.27}$$

(6) 完备性:
$$\int K^{\phi}(t, r)[K^{\phi}(t, r')]^* \,\mathrm{d}t = \delta(r - r') \tag{4.28}$$

(7) 正交性:
$$\int K^{\phi}(t, r)[K^{\phi}(t', r)]^* \,\mathrm{d}r = \delta(t - t') \tag{4.29}$$

可加性的证明见附录 A1,其他性质可以从核函数的定义直接得到证明.

利用核函数的可加性,可以得到 FRFT 本身关于旋转角度也具有可加性,即

$$(\mathbb{F}^{\phi_1}\{(\mathbb{F}^{\phi_2}x)(r')\})(r) = (\mathbb{F}^{\phi_1+\phi_2}x)(r) \tag{4.30}$$

由周期性可以得到:

$$(\mathbb{F}^{2\pi}x)(r)=(\mathbb{F}^{0}x)(r)=x(r) \tag{4.31}$$

因为核函数具有完备性和正交性,所以 FRFT 满足内积关系和能量守恒关系,即:

$$\int x_1(t)x_2^*(t)\mathrm{d}t=\int X_1^{\phi}(r)[X_2^{\phi}(r)]^*\mathrm{d}r \tag{4.32}$$

$$\int|x(t)|^2\mathrm{d}t=\int|X^{\phi}(r)|^2\mathrm{d}r \tag{4.33}$$

4.1.6 分数阶傅立叶反变换

根据 FRFT 核函数的自互易性和正交性,角度为 ϕ 的分数阶傅立叶变换的反变换就是角度为 $-\phi$ 的分数阶傅立叶变换,即:

$$\begin{aligned} x(t)&=(\mathbb{F}^{-\phi}\{X^{\phi}(r)\})(t)=\int X^{\phi}(r)K^{-\phi}(t,r)\mathrm{d}r\\ &=\sqrt{1+\mathrm{j}\cot\phi}\exp(-\mathrm{j}\pi t^2\cot\phi)\cdot\\ &\quad\int X^{\phi}(r)\exp(-\mathrm{j}\pi r^2\cot\phi+\mathrm{j}2\pi rt\csc\phi)\mathrm{d}r\quad \phi\neq n\pi,\ n\in\mathbb{Z} \end{aligned} \tag{4.34}$$

分数阶傅立叶反变换说明,FRFT 分解信号到由线性调频 Chirp 函数构成的正交基函数空间,这些线性调频 Chirp 函数的调频斜率是 $\cot\phi$,它是随分数阶傅立叶变换的角度而改变的,且线性调频基函数被瞬时频率为 $r\csc\phi$ 的复正弦信号所调制,所以,分数阶傅立叶变换被解释为信号对 Chirp 基函数的扩展.

总之,FRFT 是一种满足内积关系和能量守恒关系的线性积分变换,当角度 ϕ 从 0 连续地变化到 2π 时,它给出了信号从时间域表示到频率域表示的演化过程,并且包容了信号的时间域表示和频率域表示,FRFT 也可以看作是信号扩展到具有不同调频斜率的 Chirp 函数所构成的函数空间.

4.2 分数阶傅立叶变换的性质

和所有其他线性积分变换一样，FRFT 也满足许多性质，为了和傅立叶变换相联系和区别，表 4.2 列出了 FRFT 的性质以及对应的傅立叶变换的性质.

表 4.2 分数阶傅立叶变换和傅立叶变换的性质

序号	性质	信 号	分数阶傅立叶变换	傅立叶变换
1	反转	$x(-t)$	$X^{\phi}(-r)$	$X(-f)$
2	复共轭	$x^{*}(t)$	$[X^{-\phi}(r)]^{*}$	$X^{*}(-f)$
3	时移特性	$x(t-\mu)$	$X^{\phi}(r-\mu\cos\phi)\cdot\exp(\mathrm{j}\pi\mu^{2}\cdot\cos\phi\sin\phi-\mathrm{j}2\pi r\mu\sin\phi)$	$X(f)\mathrm{e}^{-\mathrm{j}2\pi fu}$
4	调制特性	$x(t)\mathrm{e}^{\mathrm{j}2\pi tv}$	$X^{\phi}(r-v\sin\phi)\cdot\exp(\mathrm{j}2\pi rv\cdot\cos\phi-\mathrm{j}\pi v^{2}\sin\phi\cos\phi)$	$X(f-v)$
5	微分特性	$x'(t)$	$(\mathrm{j}2\pi r\sin\phi)X^{\phi}(r)+\cos\phi[X^{\phi}(r)]'$	$(\mathrm{j}2\pi f)X(f)$
6	积分特性	$\int_{a}^{t}x(\beta)\mathrm{d}\beta$	$\frac{1}{\cos\phi}\exp(-\mathrm{j}\pi\tan\phi\cdot r^{2})\cdot\int_{a}^{r}\exp(\mathrm{j}\pi\tan\phi\cdot x^{2})\cdot X^{\phi}(x)\mathrm{d}x$	$-\frac{\mathrm{j}}{2\pi}\frac{X(f)}{f}+fX'(f)$
7	分数阶域微分	$tx(t)$	$r\cos\phi\cdot X^{\phi}(r)+\frac{\mathrm{j}\sin\phi}{2\pi}[X^{\phi}(r)]'$	$\frac{\mathrm{j}}{2\pi}X'(f)$
8	分数阶域积分	$\frac{x(t)}{t}$	$-\mathrm{j}\frac{2\pi}{\sin\phi}\exp(\mathrm{j}\pi\cot\phi\cdot r^{2})\cdot\int_{-\infty}^{r}\exp(-\mathrm{j}\pi\cot\phi\cdot\beta^{2})\cdot X^{\phi}(\beta)\mathrm{d}\beta$	$-\mathrm{j}2\pi\cdot\int_{-\infty}^{f}X(\beta)\mathrm{d}\beta$

续　表

序号	性质	信　号	分数阶傅立叶变换	傅立叶变换
9	混合积特性	$tx'(t)$	$\sin\phi(\mathrm{j}2\pi r^2\cos\phi-\sin\phi)X^{\phi}(r)+$ $r\cos 2\phi\cdot[X^{\phi}(r)]'+$ $\mathrm{j}\,\frac{\sin 2\phi}{4\pi}[X^{\phi}(r)]''$	$-[X(f)+$ $fX'(f)]$
10	尺度特性	$x(ct)$	$\sqrt{\frac{1-\mathrm{j}\cot\phi}{c^2-\mathrm{j}\cot\phi}}\exp\left(\mathrm{j}r^2\cot\phi\cdot\right.$ $\left.\left(1-\frac{\cos^2\alpha}{\cos^2\phi}\right)\right)\cdot X^{\phi}\left(\frac{r\sin\alpha}{c\sin\phi}\right)$, $\alpha=\tan^{-1}(c^2\tan\phi)$	$\frac{1}{\mid c\mid}X\left(\frac{f}{c}\right)$

应该说明，由于分数阶傅立叶变换存在着时间和频率的耦合，时移信号的FRFT产生两方面的变化，其一是在分数阶傅立叶域产生延时，其二是用一个线性调频Chirp信号调制；而用频率为v的复指数信号在时域调制信号，在分数阶傅立叶变换域产生的影响既有延时又有线性调制双重作用，这是因为FRFT被认为是在时间与频率之间的过渡，所以，它耦合了时域作用和频域作用，耦合程度由分数阶傅立叶变换的角度决定的. 此外，分数阶傅立叶变换的性质在$\phi=0$和$\phi=\frac{\pi}{2}$时，都可以简化为恒等变换和傅立叶变换的性质.

4.3　典型信号的分数阶傅立叶变换

1. 冲激信号的FRFT

$$(\mathbb{F}^{\phi}\{\delta(t-\tau)\})(r)=\sqrt{1-\mathrm{j}\cot\phi}\cdot\exp[\mathrm{j}\pi(r^2+\tau^2)]\cot\phi\cdot\exp(-\mathrm{j}2\pi r\tau\csc\phi) \tag{4.35}$$

延时的冲激信号经过FRFT后，变成一个线性调频Chirp信号，延时量还产生正弦形式的调制成分.

2. 正弦信号的FRFT

同冲激函数相似,复指数信号在分数阶傅立叶域,也变成一个线性调频信号.

$$(\mathbb{F}^{\phi}\{\exp(j2\pi vt)\})(r)=$$
$$\sqrt{1+j\tan\phi}\cdot\exp[j-\pi(r^2+v^2)]\tan\phi\cdot\exp(-j2\pi rv\sec\phi) \tag{4.36}$$

图4.3所示的由两个正弦分量构成的信号在几个角度的FRFT,它演示了时域的正弦信号如何变化到频域的冲激函数的过程.

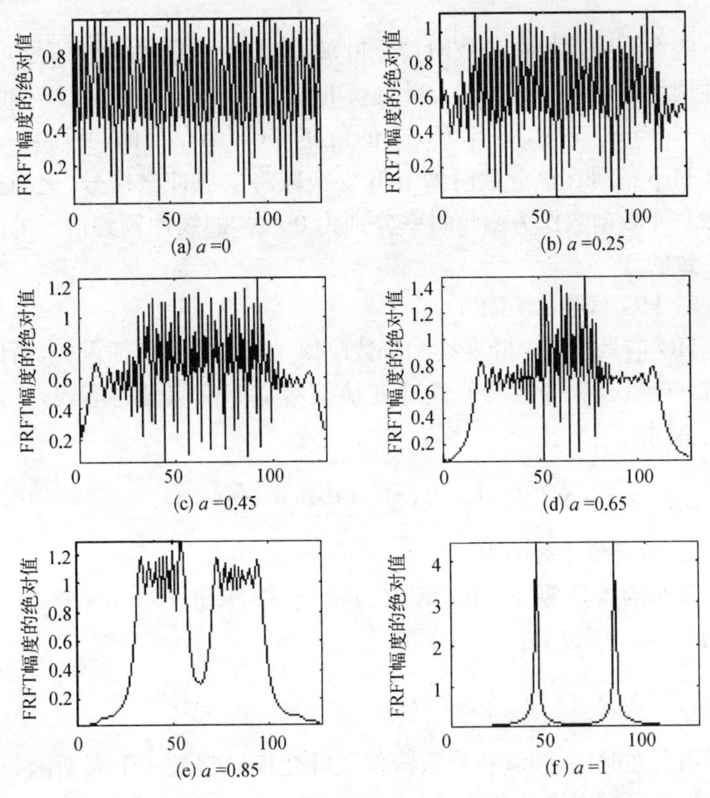

图4.3 正弦信号从时域经分数阶傅立叶域到频域的演变过程

3. 直流信号的 FRFT

直流信号可以看作是频率为 0 的复指数信号，令式(4.36)中 $v=0$，得到：

$$(\mathbb{F}^{\phi}\{C\})(r) = C\sqrt{1+\mathrm{j}\cot\phi}\cdot\exp(-\mathrm{j}\pi r^{2}\tan\phi) \tag{4.37}$$

4. 线性调频信号的 FRFT

$$\left(F^{\phi}\left\{\exp\left(\mathrm{j}2\pi\frac{m}{2}t^{2}\right)\right\}\right)(r) = \sqrt{\frac{1+\mathrm{j}\tan\phi}{1+m\tan\phi}}\cdot\exp\left(\mathrm{j}\pi r^{2}\frac{m-\tan\phi}{1+m\tan\phi}\right) \tag{4.38}$$

线性调频信号在分数阶傅立叶域，也是一个线性调频信号，只是线性调斜率随着分数阶傅立叶变换的角度 φ 而改变，由(4.38)可知，当 $m=-\tan^{-1}\phi$ 时，即当 FRFT 的角度与 Chirp 信号的调频斜率一致时，Chirp 信号在该分数阶傅立叶变换域将变成冲激信号，这与正弦函数和冲激函数作为调频斜率分别为 0 和∞的线性调频信号的解释是一致的.

5. HG 信号的 FRFT

HG 信号是傅立叶变换和分数阶傅立叶变换的特征函数，所以它的傅立叶变换和分数阶傅立叶变换仍然是 HG 信号的形式，只是特征值不同.

$$(\mathbb{F}^{\phi}\{\varphi_{n}(t)\})(r) = \exp(-\mathrm{j}\phi n)\varphi_{n}(r) \tag{4.39}$$

6. 高斯信号的 FRFT

高斯函数是零阶 HG 函数的特例，而零阶 Hermite 多项式为 $H_{0}(t)=1$，所以有：

$$(\mathbb{F}^{\phi}\{\exp(-\pi t^{2})\})(r) = \exp(-\pi r^{2}) \tag{4.40}$$

高斯函数在时域、频域和分数阶傅立叶变换域都是一个高斯函数，与分数阶傅立叶变换的角度无关.

4.4　分数阶傅立叶域及其几种算子

傅立叶变换建立了信号时域与频域之间的联系，傅立叶变换性质揭示了信号在时域和频域变化的对应关系. 分数阶傅立叶变换的性质则说明了信号在时域改变引起其在分数阶傅立叶域的变化关系. 而信号在任意两个分数阶傅立叶域的表示有何联系，即对信号在一个分数阶傅立叶域施加某种作用，在另一个分数阶傅立叶域会产生何种效果，是这一节要回答的问题.

4.4.1　分数阶傅立叶域的概念

设 $z(t)$ 是一个抽象的信号，$z_p(r_p)$ 表示 $z(t)$ 在阶数为 p 值的分数阶傅立叶变换，令 r_0 和 r_1 分别代表时间域和频率域，即 $z_0(r_0)=z(t)$ 和 $z_1(r_1)=Z(f)$ 分别是信号的时域表示和频域表示，定义 r_p 轴为 p 分数阶傅立叶域[96]，如图 4.4 所示，r_p 与 r_{p+1} 是正交的，则 r_{p+1} 与 r_{p-1} 是共线的且彼此反向，$r_{p'}$ 与 $r_{p'+1}$ 也是正交的. 令 r_p 和 $r_{p'}$ 是任意两个非正交的分数阶傅立叶变换域，信号在 r_p 和 $r_{p'}$ 之间的表示为：

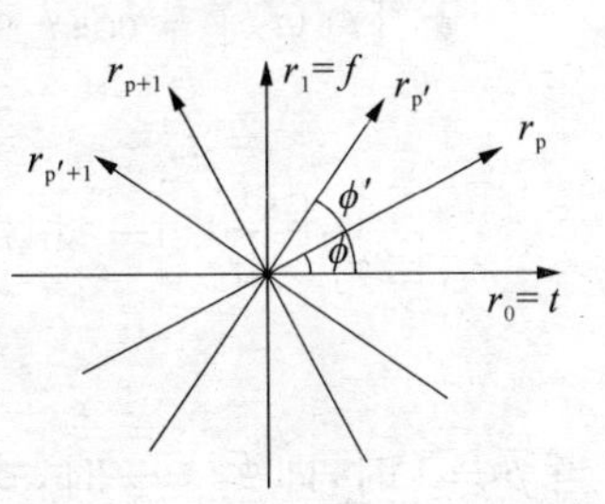

图 4.4　分数阶傅立叶变换域

$$z_{p'}(r_{p'})=\int_{-\infty}^{\infty}K_{(p'-p)}(r_{p'},r_p)z_p(r_p)\mathrm{d}r_p \tag{4.41}$$

式(4.41)将 r_p 轴上的信号表示转换为 $r_{p'}$ 轴上的信号表示. 当 $p'=p+1$ 时，该式即为相对于 r_p 轴的傅立叶变换.

对于一个任意的非零信号，如同时域表示和频域表示不可能同时是带限的一样，在任意两个分数阶傅立叶域也不可能同时是带限的，除非这两个分数阶傅立叶域是共线的[97]. 同一信号在任意两个非正交的分数阶傅立叶域表示的方差之积为[96]：

$$\mathrm{var}[z_p(r_p)] \times \mathrm{var}[z_{p'}(r_{p'})] \geqslant \frac{1}{16\pi^2}\sin^2(\phi' - \phi) \qquad (4.42)$$

只有高斯信号才可能达到这个下限[98].

4.4.2 分数阶傅立叶域的坐标乘算子和微分算子

在 p 分数阶傅立叶域,定义坐标乘算子 M_p 和微分算子 D_p 分别为[92]:

$$\{M_p z\}_p(r_p) = r_p z_p(r_p) \qquad (4.43)$$

$$\{D_p z\}_p(r_p) = \frac{1}{2\pi \mathrm{j}} \frac{\mathrm{d}}{\mathrm{d}r_p} z_p(r_p) = \{M_{p+1} z\}_p(r_p) \qquad (4.44)$$

$\{M_p z\}_p(\cdot)$和$\{D_p z\}_p(\cdot)$分别代表信号 $M_p z$ 和 $D_p z$ 在 p 域的表示,从时域坐标乘算子和微分算子开始,根据 FRFT 的定义,可求得:

$$\mathbb{F}^{\phi}[tz(t)] = \cos\phi \cdot \{M_P z\}_P(r_P) - \sin\phi \cdot \{D_p z\}_p(r_p) \qquad (4.45)$$

$$\mathbb{F}^{\phi}\left[\frac{1}{2\pi \mathrm{j}} \frac{\mathrm{d}z(t)}{\mathrm{d}t}\right] = \sin\phi \cdot \{M_p z\}_p(r_p) + \cos\phi \cdot \{D_p z\}_p(r_p) \qquad (4.46)$$

当 $p = 1$ 时,即 $\phi = \frac{\pi}{2}$ 时,式(4.45)和(4.46)就退化为傅立叶变换的坐标乘的性质和微分性质;当 $p = 0$ 时,式(4.45)和(4.46)退化为恒等式,当 p 为任意值时,对时域信号的坐标乘的分数阶傅立叶变换是原始信号在 p 分数阶傅立叶域的坐标乘与原始信号在 p 分数阶傅立叶域的微分的线性组合,组合系数分别是 $\cos\phi$ 和 $-\sin\phi$. 随着 p 的变化,坐标乘算子和微分算子对信号的作用程度在变化. 从式(4.45)和(4.46)可以解得:

$$\{M_p z\}_p(r_p) = \cos\phi \cdot \mathbb{F}^{\phi}[tz(t)] + \sin\phi \cdot \mathbb{F}^{\phi}\left[\frac{1}{2\pi \mathrm{j}} \frac{\mathrm{d}z(t)}{\mathrm{d}t}\right] \qquad (4.47)$$

$$\{D_p z\}_p(r_p) = -\sin\phi \cdot \mathbb{F}^{\phi}[tz(t)] + \cos\phi \cdot \mathbb{F}^{\phi}\left[\frac{1}{2\pi \mathrm{j}}\frac{\mathrm{d}z(t)}{\mathrm{d}t}\right] \tag{4.48}$$

因为这些方程对任意信号都成立，略去信号得到坐标乘算子 M_p 和微分算子 D_p 在时域和任意一个 p 阶分数阶傅立叶域的关系为：

$$\begin{bmatrix} M_0 \\ D_0 \end{bmatrix} = \begin{bmatrix} \cos\phi & -\sin\phi \\ \sin\phi & \cos\phi \end{bmatrix} \begin{bmatrix} M_p \\ D_p \end{bmatrix} \tag{4.49}$$

将以上 0 阶分数阶傅立叶域与 p 阶傅立叶域的关系推广到任意两个非正交的分数阶傅立叶域，得到：

$$\begin{bmatrix} M_p \\ D_p \end{bmatrix} = \begin{bmatrix} \cos(\phi'-\phi) & -\sin(\phi'-\phi) \\ \sin(\phi'-\phi) & \cos(\phi'-\phi) \end{bmatrix} \begin{bmatrix} M_{p'} \\ D_{p'} \end{bmatrix} \tag{4.50}$$

(4.50) 式说明，在 p 分数阶傅立叶域的坐标乘和微分作用，引起在另一个分数阶傅立叶 p' 域的坐标乘和微分作用的线性组合，组合的系数是两个域角度差的余弦和正弦函数，它们分别是坐标乘算子 M_p 和微分算子 D_p 在 p' 域的投影.

4.4.3 分数阶傅立叶域的线性相位算子和平移算子

在 p 分数阶傅立叶域，定义线性相位算子 $P_p(\xi)$ 和平移算子 $T_p(\xi)$ 为[92]：

$$\{P_p(\xi)z\}_p(r_p) = \mathrm{e}^{\mathrm{j}\xi r_p} z_p(r_p) = \{\mathrm{e}^{\mathrm{j}\xi M_p} z\}_p(r_p) \tag{4.51}$$

$$\{T_p(\xi)z\}_p(r_p) = z_p(r_p + \xi) = \{\mathrm{e}^{\mathrm{j}\xi M_{p+1}} z\}_p(r_p) \tag{4.52}$$

如同傅立叶变换性质一样，在一个域乘相位因子对应在其正交域内的平移. 借助算子 $M_p = M_{p'}\cos(\phi'-\phi) - M_{p'+1}\sin(\phi'-\phi)$ 的关系，则 $\mathrm{e}^{\mathrm{j}\xi M_p}$ 可用 P' 域表示为：

$$\begin{aligned} \mathrm{e}^{\mathrm{j}\xi M_p} &= \mathrm{e}^{\mathrm{j}\xi^2 \sin(\phi'-\phi)\cos(\phi'-\phi)/2}\, \mathrm{e}^{\mathrm{j}\xi M_{p'}\cos(\phi'-\phi)}\, \mathrm{e}^{-\mathrm{j}\xi M_{p'+1}\sin(\phi'-\phi)} \\ &= \mathrm{e}^{-\mathrm{j}\xi^2 \sin(\phi'-\phi)\cos(\phi'-\phi)/2}\, \mathrm{e}^{-\mathrm{j}\xi M_{p'+1}\sin(\phi'-\phi)}\, \mathrm{e}^{\mathrm{j}\xi M_{p'}\cos(\phi'-\phi)} \end{aligned} \tag{4.53}$$

则线性相位算子 $P_p(\xi)$为：

$$P_p(\xi) = \mathrm{e}^{-\mathrm{j}\xi^2 \sin(\phi'-\phi)\cos(\phi'-\phi)/2} P_{p'}(\xi\cos(\phi'-\phi)) T_{p'}(-\xi\sin(\phi'-\phi))$$
$$= \mathrm{e}^{-\mathrm{j}\xi^2 \sin(\phi'-\phi)\cos(\phi'-\phi)/2} T_{p'}(-\xi\sin(\phi'-\phi)) P_{p'}(\xi\cos(\phi'-\phi)) \tag{4.54}$$

式(4.54)说明，在 p 域的相移导致在 p'域的相移后再跟随 p'域的平移(或平移后再跟相移). 同理可得：

$$T_p(\xi) = \mathrm{e}^{-\mathrm{j}\xi^2 \sin(\phi'-\phi)\cos(\phi'-\phi)/2} P_{p'}(\xi\sin(\phi'-\phi)) T_{p'}(\xi\cos(\phi'-\phi))$$
$$= \mathrm{e}^{-\mathrm{j}\xi^2 \sin(\phi'-\phi)\cos(\phi'-\phi)/2} T_{p'}(\xi\cos(\phi'-\phi)) P_{p'}(\xi\sin(\phi'-\phi)) \tag{4.55}$$

式(4.55)说明，在 p 域的平移导致在 p'域的平移后再跟随 p'域的相移(或相移后平移)，这里平移量和相移量由平移和相移在新坐标系上的投影所对应的余弦和正弦的倍数给出. 在 p 分数阶傅立叶域的两对算子 M_p 和 D_p，$P_p(\xi)$和 $T_p(\xi)$都存在相互耦合作用，并且都可以用基本算子 M_p 表示.

4.5 FRFT 定义多样性的原因与离散计算

根据信号的连续性与离散性、周期性与非周期性，傅立叶变换可以采用四种不同的表示形式，即连续非周期信号的傅立叶积分，连续周期信号的傅立叶级数，离散非周期序列的傅立叶变换，离散周期序列的离散傅立叶变换(DFT). 既然分数阶傅立叶变换广义化了傅立叶变换，它是否也应该具有与以上四种表示相对应的分数阶化的表达形式？ G. Cariolaro 等从拓扑群数学的角度给出了答案，即只有信号和其傅立叶变换具有相同的取值域和相同的周期性，对应的傅立叶变换才可以被广义化到分数阶傅立叶变换[142]. 由此可知，连续非周期信号的傅立叶积分仍然是连续的非周期的，它和信号本身具有相同的实数域和非周期性;离散的周期序列和其DFT具有相同的整数域和周期性,只有这两种形式才存在着对应的分数阶傅立叶变换,分别称为连续的分数阶傅立叶变换(简称FRFT),离散的分数阶傅立叶变换(简称DFRFT).

4.5.1 分数阶傅立叶变换定义的多样性的原因

基于傅立叶变换算子的特征函数和特征值方法所产生的分数阶傅立叶变换的定义不是唯一的,而是存在多种形式.首先,除HG函数外,傅立叶变换算子的特征函数还有很多,此外,通过对这些特征函数的线性组合,还可以得到大量的基函数[99],对于不同的基函数,其分数阶傅立叶变换定义的是不同的,这是导致分数阶傅立叶变换定义多样性的一个原因.其次,FRFT是通过取和傅立叶变换相同形式的特征函数并对其特征值分数阶化得到的,如同开平方运算可以得到多个值一样,一个复指数的实数次幂的运算结果也是不唯一的,特征值的分数次幂 μ_n^p 的所有可能值为:

$$\mu_n^p = \mathrm{e}^{-\mathrm{j}(\pi/2)(n+4q_n)p}, \qquad q_n \in \mathbb{Z} \tag{4.56}$$

q_n 是任意整数序列,选择不同的 q_n 将导致不同的变换核函数,因而产生不同的分数阶傅立叶变换的定义.所以,对特征值取分数阶次幂是导致分数阶傅立叶变换定义多样性的另一个原因.

4.5.2 离散分数阶傅立叶变换(DFRFT)

要使FRFT在实际中取得进一步应用,必须解决FRFT的高效的计算方法,也就是定义与DFT相对应的离散的分数阶傅立叶变换,并寻找等价于FFT的快速计算离散FRFT的有效方法.目前,DFRFT主要有以下三大类方法:

第一类是从FRFT的定义出发,对连续的FRFT进行采样,对FRFT定义的线性积分进行数值计算[100].这种方法采用分解的方式,首先将函数与线性调频函数相乘,然后将所得到的函数与一线性调频函数卷积，最后与另一个线性调频信号相乘，将原始信号的N个采样值影射为其分数阶傅立叶变换的N个采样值，这种方法直观易于理解，所得到的计算结果与连续 FRFT 的结果一致，并且有一个计算量为 $O(N\log N)$ 的快速算法. 但是，通过采样定义的DFRFT 的变换核不再满足正交性和可加性，在计算过程中还要对输入和输出经过一次 2 倍内插和 2 倍抽取以及坐标的无量纲化过程，计算较为麻烦.

第二类是线性组合型的 DFRFT，计算 DFRFT 的公式为[101]：

$$X^{\phi}(k)=\sum_{n=0}^{N-1}K^{\phi}(n,k)x(n) \tag{4.57}$$

其中变换核为：

$$K^{\phi}(n,k)=a_0(\phi)\delta(n-k)+\frac{a_1(\phi)}{\sqrt{N}}\exp\left(-\mathrm{j}\frac{2\pi}{N}nk\right)+ \\ a_2(\phi)\delta(((n-k))_N)+\frac{a_3(\phi)}{\sqrt{N}}\exp\left(\mathrm{j}\frac{2\pi}{N}nk\right) \tag{4.58}$$

线性组合的系数分别是：

$$\begin{cases} a_0(\phi)=\dfrac{1}{2}(1+\mathrm{e}^{\mathrm{j}\phi})\cos\phi \\ a_1(\phi)=\dfrac{1}{2}(1-\mathrm{j}\mathrm{e}^{\mathrm{j}\phi})\sin\phi \\ a_2(\phi)=\dfrac{1}{2}(\mathrm{e}^{\mathrm{j}\phi}-1)\cos\phi \\ a_3(\phi)=\dfrac{1}{2}(-1-\mathrm{j}\mathrm{e}^{\mathrm{j}\phi})\sin\phi \end{cases} \tag{4.59}$$

这种方法通过对信号及其时间反转、DFT 及其 IDFT 的线性组合来得到 DFRFT，对恒等变换和傅立叶变换兼容性好，线性组合的系数由旋转的角度来决定，这样得到的变换核矩阵是正交的，满足角度的连续可加性，并且可以反变换. 但是，采用旋转离散傅立叶变换核矩阵 ϕ 角度的办法，导致了特征值与特征向量的不匹配，使计算结果与连续的 FRFT 不一致，失去了分数阶化的特性.

第三类方法是基于特征矢量分解的 DFRFT[102, 103, 104, 105]，这种方法首先寻找 DFT 变换核矩阵的特征值和特征矢量，然后计算 DFT 矩阵的分数阶次幂，它构成了 HG 函数的离散对应部分. 这种类型的 DFRFT 与连续的 FRFT 有相似的结果，并且满足正交性、可加性和可逆性，但特征矢量没有一个闭合的表达式.

4.6 基于分数阶傅立叶变换的多分量 Chirp 信号的检测

4.6.1 从 FRFT 的定义的核函数分析

分数阶傅立叶变换是傅立叶变换的广义形式，它揭示了信号从时域变化到频域的演变过程，Chirp 信号在分数阶傅立叶域仍是一个线性调频信号，只是线性调斜率随着分数阶傅立叶变换的角度而改变，当 FRFT 的角度与 Chirp 信号的调频斜率一致时，Chirp 信号在该分数阶傅立叶变换域，将变成一个冲激信号，图 4.5 给出了 Chirp 信号在几个角度的 FRFT 图形，由此可见，Chirp 信号在时域、频域和不匹配的分数阶傅立叶变换域的特征都不明显，只有当分数阶傅立叶变换的角度与该信号的调频斜率一致时，Chirp 信号在此分数阶傅立叶域才呈现明显的冲激函数特征.

Chirp 信号在分数阶傅立叶变换域呈现冲激函数特征，可以从 FRFT 定义的基函数是线性调频信号得到解释，即 FRFT 是分解信号到由调频斜率可变的线性调频信号所构成的基函数空间，如同傅立叶变换分析单频信号时，在对应的频率处呈现冲激函数一样，当分数阶傅立叶域的基函数的调频斜率与 Chirp 信号的调频斜率一致时，在该分数阶傅立叶变换域，Chirp 信号呈现冲激函数特征.

分数阶傅立叶变换是一种线性变换，对于多分量 Chirp 信号，其

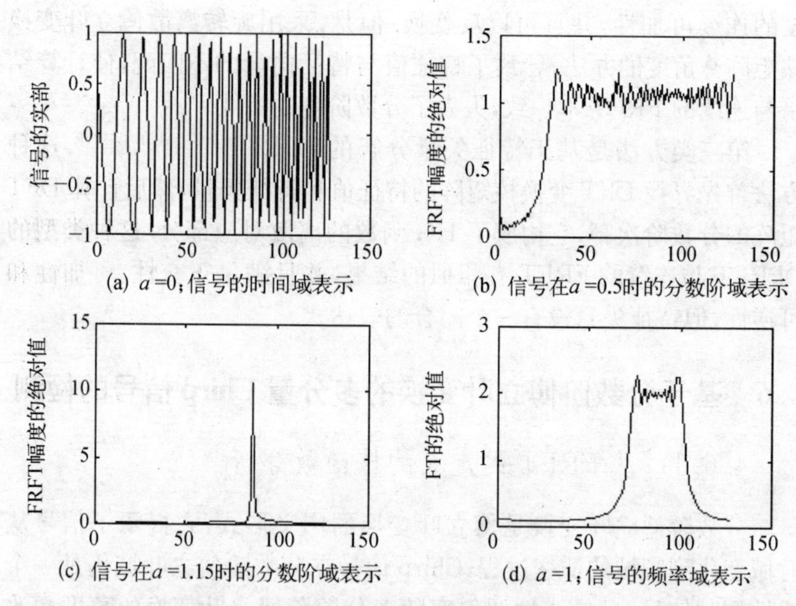

图 4.5　单分量 Chirp 信号的时域、分数阶傅立叶域、频域的表示

分数阶傅立叶变换在与其调频斜率一致的分数阶域，都会呈现脉冲函数特征，且分数阶傅立叶变换满足关于角度的连续可加性，通过对多分量 Chirp 信号进行连续角度的分数阶傅立叶变换，并对其搜索局部极大值，就可以检测 Chirp 信号，相应的分数阶傅立叶变换的角度对应着 Chirp 信号的调频斜率. 此外，由于分数阶傅立叶变换是一种匹配变换，对噪声的影响不敏感. 考虑由两个 Chirp 分量构成的信号，受高斯白噪声影响，信噪比为 0 dB，数据长度为 256，该信号的几个不同阶数的分数阶傅立叶变换如图 4.6 所示，由于信噪比不高，该信号在时域、频域和与其调频斜率不匹配的分数阶傅立叶变换域，呈现类似噪声波形，特征都不明显，而在与 Chirp 分量的调频斜率相对应的阶数 $p=1.15$ 和 $p=1.25$ 时，该信号都呈现一个脉冲函数波形，以大于 6 为阈值，对 FRFT 进行搜索局部极大值，就可以检测到这两个 Chirp 分量.

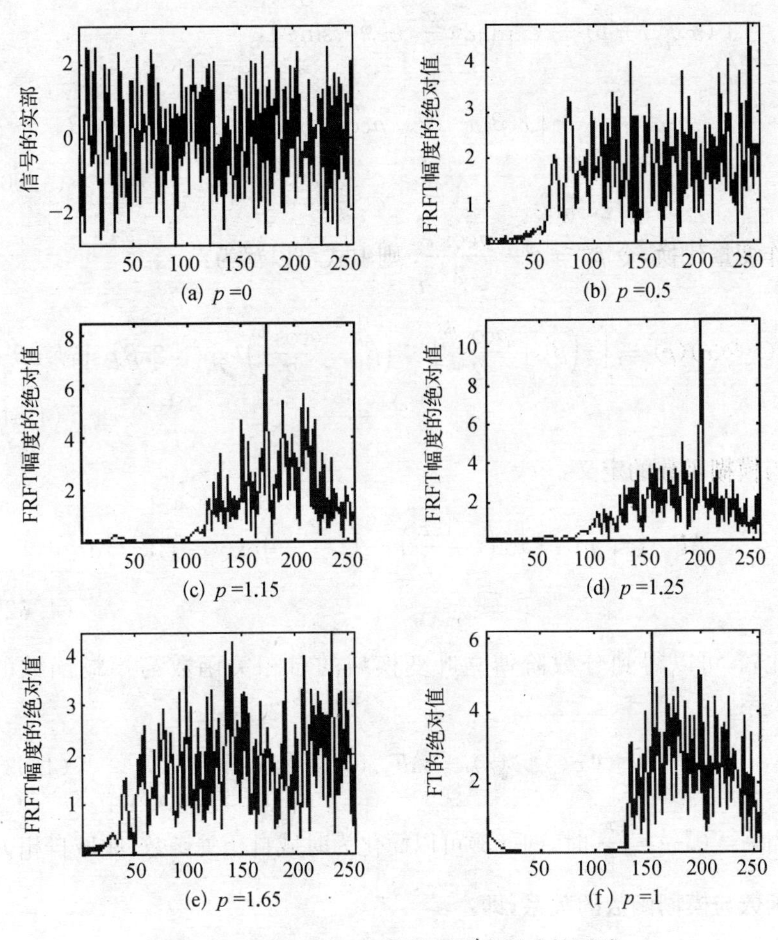

图 4.6　两分量 Chirp 信号受噪声影响的时域、分数阶傅立叶域、频域表示

4.6.2　从分数阶傅立叶域的相关特性与模糊函数的关系分析

分数阶傅立叶变换域的自相关函数定义为[106]：

$$(x \underset{\phi}{\otimes} x)(\rho) = \exp\left(\mathrm{j}2\pi \frac{\rho^2}{2}\cos\phi \cdot \sin\phi\right) \cdot$$
$$\int x(\beta) x^* (\beta - \rho\cos\phi) \exp(-2\pi\beta\rho\sin\phi)\,\mathrm{d}\beta \tag{4.60}$$

作变量代换，令 $\beta' = \beta - \dfrac{\rho\cos\phi}{2}$，则上式可以写为：

$$(x \underset{\phi}{\otimes} x)(\rho) = \int x\left(\beta' + \frac{\rho\cos\phi}{2}\right) x^* \left(\beta' - \frac{\rho\cos\phi}{2}\right) \exp(-2\pi\beta'\rho\sin\phi)\,\mathrm{d}\beta' \tag{4.61}$$

与模糊函数的定义：

$$AF_{xx}(\tau, v) = \int x\left(t + \frac{\tau}{2}\right) x^* \left(t - \frac{\tau}{2}\right) \exp(-\mathrm{j}2\pi v t)\,\mathrm{d}t \tag{4.62}$$

比较，可以得到分数阶傅立叶变换域的自相关函数与模糊函数的关系：

$$(x \underset{\phi}{\otimes} x)(\rho) = AF_{xx}(\rho\cos\phi, \rho\sin\phi) \tag{4.63}$$

当 $\phi = 0$，$\phi = \dfrac{\pi}{2}$ 时，(4.63)可以简化为时域自相关函数、频域自相关函数与模糊函数的关系，即：

$$(x \underset{0}{\otimes} x)(\rho) = AF_{xx}(\tau, 0),\ (x \underset{\frac{\pi}{2}}{\otimes} x)(\rho) = AF_{xx}(0, v) \tag{4.64}$$

由式(4.63)可知，角度为 ϕ 的分数阶傅立叶变换域的自相关函数，是对模糊函数通过原点与时延轴成同一角度的切片，正如第二章讨论的那样，多分量 Chirp 信号的模糊函数表示是通过模糊平面原点的多条直线，直线的斜率与 Chirp 信号的调频斜率对应. 所以，对多分量 Chirp 信号作连续角度的分数阶傅立叶变换的自相关函数，并搜索局部极大值，也可以检测多分量 Chirp 信号.

4.6.3 从分数阶傅立叶变换与 RWT 的关系分析

RWT 是计算信号 $x(t)$ 的 WVD 沿着与频率轴夹角为 ϕ、与时频面原点的垂直距离为 r 的一条直线的线性积分. 其定义为：

$$RWT_x(r,\phi)=\int_t\int_f WVD_x(t,f)\delta(t\cos\phi+f\sin\phi-r)\,\mathrm{d}t\mathrm{d}f \tag{4.65}$$

利用 δ 函数的性质，则：

$$RWT_x(r,\phi)=\frac{1}{|\sin\phi|}\int_t WVD_x\left(t,-\cot\phi+\frac{r}{\sin\phi}\right)\mathrm{d}t \tag{4.66}$$

代入 WVD 的定义，得到：

$$RWT_x(r,\phi)=\frac{1}{|\sin\phi|}\int_t\int_\tau x\left(t+\frac{\tau}{2}\right)x^*\left(t-\frac{\tau}{2}\right)\mathrm{e}^{-\mathrm{j}2\pi\tau(-t\cot\phi+r\csc\phi)}\mathrm{d}\tau\mathrm{d}t \tag{4.67}$$

作变量代换，令 $\alpha=t+\frac{\tau}{2}$，$\beta=t-\frac{\tau}{2}$ 则 $t=\frac{\alpha+\beta}{2}$，$\tau=\alpha-\beta$，式(4.67)关于新积分变量 α 和 β 的表达形式为：

$$\begin{aligned}RWT_x(r,\phi)&=\frac{1}{|\sin\phi|}\int_\alpha\int_\beta x(\alpha)x^*(\beta)\mathrm{e}^{-\mathrm{j}2\pi(\alpha-\beta)\left(-\frac{\alpha+\beta}{2}\cot\phi+r\csc\phi\right)}\mathrm{d}\alpha\mathrm{d}\beta\\&=\frac{1}{|\sin\phi|}\int_\alpha\int_\beta x(\alpha)x^*(\beta)\mathrm{e}^{-\mathrm{j}\pi(\alpha^2-\beta^2)\cot\phi}\mathrm{e}^{-\mathrm{j}2\pi(\alpha-\beta)r\csc\phi}\mathrm{d}\alpha\mathrm{d}\beta\end{aligned} \tag{4.68}$$

重新排列各项,并利用等式 $\frac{1}{|\sin\phi|}=\sqrt{1-\mathrm{j}\cot\phi}\sqrt{1+\mathrm{j}\cot\phi}$, 得到:

$$RWT_x(r,\phi)=\left[\sqrt{1-\mathrm{j}\cot\phi}\,\mathrm{e}^{\mathrm{j}\pi r^2\cot\phi}\int_\alpha x(\alpha)\mathrm{e}^{\mathrm{j}\pi\alpha^2\cot\phi}\mathrm{e}^{-\mathrm{j}2\pi\alpha r\csc\phi}\mathrm{d}\alpha\right]\times$$
$$\left[\sqrt{1+\mathrm{j}\cot\phi}\,\mathrm{e}^{-\mathrm{j}\pi r^2\cot\phi}\int_\beta x^*(\beta)\mathrm{e}^{-\mathrm{j}\pi\beta^2\cot\phi}\mathrm{e}^{\mathrm{j}2\pi\beta r\csc\phi}\mathrm{d}\beta\right] \tag{4.69}$$

而第一个括号里的表达式正是信号 $x(t)$ 的 FRFT 的表示式 $X^\phi(r)$, 第二个括号里的表达式等于 $[X^\phi(r)]^*$,则 FRFT 与 RWT 的关系是:

$$RWT_x(r,\phi)=X^\phi(r)\cdot[X^\phi(r)]^*=|(\mathbb{F}^\phi x)(r)|^2$$
$$=|X^\phi(r)|^2 \tag{4.70}$$

即信号 $x(t)$ 的 RWT 等于其分数阶傅立叶变换的模平方. 这个性质又称为 WVD 的广义边缘特性或联合时频边缘特性[107],对 WVD 沿着平行于频率轴的直线积分,得到时间边缘特性,它对应着时间域信号的幅度平方;对 WVD 沿着平行于时间轴的直线积分是频率边缘特性,它对应着信号的功率谱密度的平方;由(4.70)表达的广义边缘是对 WVD 沿着任意一条直线的积分,这条直线到原点的法线距离为 r、法线与水平轴的夹角为 ϕ. 当角度 $\phi=0$ 时,广义边缘特性简化为时间边缘特性,当 $\phi=\frac{\pi}{2}$ 时,广义边缘退化为频率边缘,而对于其他的角度,对 WVD 的一维投影则由对应角度的分数阶傅立叶变换的模平方给出. 从信息论的角度看,时间边缘和频率边缘仅提供了在 $\phi=0$ 和 $\phi=\frac{\pi}{2}$ 角度对 WVD 的观察,广义边缘特性建立了对信号的 WVD 在任意角度的观察,当信号是 Chirp 信号时,其 WVD 既不在时间轴,也不在频率轴,而是在时频平面的任意一条直线上,此时,广义边缘特性提供了对 Chirp 信号的 WVD 的最佳观察.

鉴于能量谱密度 $|X(f)|^2$ 作为信号 $x(t)$ 在不同频率 $\mathrm{e}^{\mathrm{j}2\pi f}$ 之间的

能量分布，则可以把 $|X^{\phi}(r)|^2$ 称为信号 $x(t)$ 的分数阶能量谱[93]，并把它解释为信号在不同线性调频核 $K^{\phi}(t,r)$ 之间的能量分布.

4.7 直接序列扩频通信中多个宽带 Chirp 干扰的识别

4.7.1 直接序列扩频通信系统原理

直接序列扩频通信(DSSS: Direct Sequence Spread Spectrum)是扩频通信的一种主要形式，在 DSSS 系统中，信息发送前被伪随机序列(PNS: Pseudo-Noise Sequence)调制以隐藏信息的内容，这一过程使要传输的信号的频谱比调制前原信号的频谱宽得多，在接收端使用同一个 PNS 对信号进行解扩，来得到原始的信息序列. 典型的直接序列扩频通信系统的原理框图如图 4.7 所示，$b(t)$代表要发送的信息序列，$p(t)$表示伪随机序列，$m(t)$表示调制后的序列，发送的信号假定受到加性高斯白噪声 $v(t)$影响，在发送期间信道中一切可能的干扰为 j(t)，在接收端，接收到的信号首先用与发送端相同的 PNS 相乘进行解扩，低通滤波之后，通过判决器得到接收信号的极性.

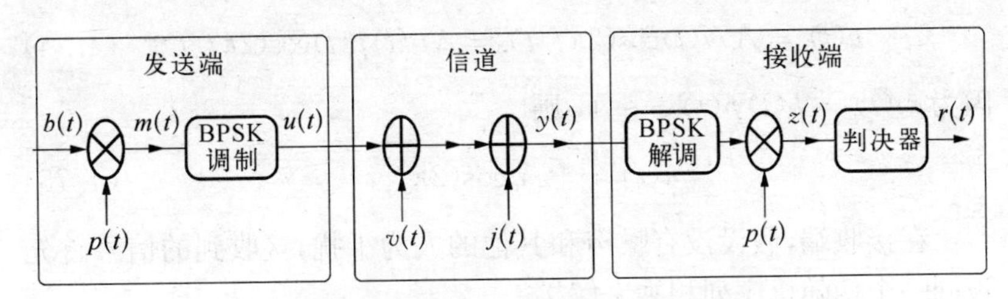

图 4.7 直接序列扩频通信系统的原理框图

令 $b(t)$是一个待传输的信息序列，它的传输速率为每秒 B 个比特，每个比特的持续时间为 $T_b=1/B$，信号 $b(t)$的有效带宽为 WB，则 $b(t)$可以被表示为：

$$b(t)=\sum_{k=-\infty}^{\infty} d_k g(t-kT_b) \tag{4.71}$$

这里,数据比特 $d_k = \{-1, 1\}, -\infty < k < \infty, g(t)$ 是幅度为1、持续期为 T_b 的矩形脉冲.

伪随机序列 $p(t)$ 可表示为:

$$p(t) = \sum_{n=-\infty}^{\infty} p(n)h(t - nT_p) \tag{4.72}$$

式中伪随机码序列 $p(n) \in \{-1, 1\}$ 近似认为随机产生,$h(t)$ 称为切普(Chip),是单位幅度、持续期为 T_p 的矩形脉冲,切普率为 $C = \frac{1}{T_p}$,C 远远大于 B,其有效带宽为 WC.

待传输的序列与伪随机序列相乘后,得到:

$$m(t) = b(t)p(t) \tag{4.73}$$

由于时域相乘对应着频域卷积,则 $m(t)$ 的频谱带宽是 WB 与 WC 之和,由于 $WC \gg WB$,则 $m(t)$ 的带宽比原信号带宽要大得多,这样,通过伪随机序列相乘使信号的频谱扩展很多. 然后 $m(t)$ 被二进制相移键控信号(BPSK: Binary Phase-Shift Keying)调制后发射.

$$u(t) = A_c m(t)\cos(2\pi f_c t) = A_c b(t)p(t)\cos(2\pi f_c t) \tag{4.74}$$

因为 $m(t) = b(t)p(t) = \pm 1$,则

$$u(t) = \pm A_c \cos(2\pi f_c t) \tag{4.75}$$

在接收端,假设没有噪声和其他的人为干扰,接收到的信号首先被同一个伪随机序列相乘来解扩:

$$y(t) = u(t)p(t) = A_c b(t)p^2(t)\cos(2\pi f_c t) = A_c b(t)\cos(2\pi f_c t) \tag{4.76}$$

这里 $p^2(t) = 1$,再经过 BPSK 解调后,则接收到的信号和发射的信号完全相同.

在有噪声和人为阻塞干扰存在的情况下,接收到的信号被解扩后:

$$
\begin{aligned}
y(t) &= (u(t)+\mathrm{j}(t)+v(t))p(t) \\
&= A_c m(t)p^2(t)\cos(2\pi f_c t)+\mathrm{j}(t)p(t)+v(t)p(t) \\
&= A_c m(t)\cos(2\pi f_c t)+\mathrm{j}(t)p(t)+v(t)p(t)
\end{aligned} \tag{4.77}
$$

假定伪随机序列与发送端严格一致，则解调后的第一项就是原始信号，而第二、第三项分别是将噪声和干扰扩散到更宽的带宽上，假设干扰是窄带的，则经过解扩、解调和用带宽为 WB 的低通滤波器滤波后，则干扰和噪声被大大减小，定义扩频增益为：

$$
G=\frac{WC}{WB}=\frac{T_b}{T_p} \tag{4.78}
$$

由此可见，伪随机序列码周期越长，每个切普的持续时间越短，则扩频系统抵御干扰的能力越强.

总之，扩频通信的理论基础是利用了仙农信道容量理论，在高斯信道中，当传输系统的信号噪声功率比下降时，可用增加系统传输带宽来保持信道容量不变；对于给定的信噪比，可用增加传输带宽的办法来获得较低的信息差错率. 其次，伪随机序列逼近高斯信道要求的最佳信号形式，它也是克服多径衰落干扰的最佳信号形式，因此，直接序列扩频通信系统比一般的通信系统具有更强的抗多径干扰、抗外界噪声干扰、抗窄带干扰的能力[108]. 但是，直接序列扩频通信系统抵抗非平稳的宽带干扰的能力较差[109, 110].

4.7.2 基于 FRFT 的多个 Chirp 干扰的检测与抑制原理

在各种非平稳干扰形式中，Chirp 宽带干扰在峰值功率一定的情况下平均发射功率最大，是较常采用的一种干扰形式. 基于傅立叶变换技术和自适应滤波方法可减缓窄带平稳干扰，但无法抑制低信噪比下快速时变的宽带干扰；小波变换和短时傅立叶变换适合于对具有突发特征的脉冲式干扰的抑制；基于时频分析的方法能够识别和剔除宽带时变的干扰[5, 6, 110]. 由于 DSSS 系统中发送的信号具有类似噪声特性,与噪声一起,占据了整个时频平面,而宽带线性 Chirp 干扰信号在时频平面具有很好的时频聚集性,它的能量聚集在斜率为调频斜率的直线附近,通过将接收到的信号进行 WVD,并在时频域进行二维掩模滤波后,再反变换到时间域,这样在接收端检测之前抽取了干扰信号. 但是,当多个干扰同时存在时,WVD 的双线性时频结构产生的交叉项模糊了原有信号的特征而无法正确地识别干扰. 通过跟踪瞬时频率来抑制多个干扰的方法适合于每一时刻只有一个干扰存在的情况[111].

正如在上一节所分析的那样,分数阶傅立叶变换本质上是以线性调频信号为基函数的线性变换,只是基函数的调频斜率随着分数阶傅立叶变换的阶数变化而变化,如同傅立叶变换分析谐波信号一样,当分数阶傅立叶变换的阶数,即线性调频基函数的调频斜率与 Chirp 干扰信号的调频斜率一致时,则该 Chirp 干扰信号在这个分数阶傅立叶变换域,将呈现冲激函数特征. 分数阶傅立叶变换是线性变换,并且满足角度的连续可加性,当多个 Chirp 干扰同时存在时,可连续进行分数阶傅立叶变换,逐一识别和剔除. 由于分数阶傅立叶变换域的自相关函数是模糊函数过原点的切片,切片的角度对应着分数阶傅立叶变换在时频平面旋转的角度,而 Chirp 干扰信号在模糊平面是过原点的多条直线,直线的斜率是每个 Chirp 的调频斜率,所以当分数阶傅立叶变换的角度与 Chirp 干扰的调频斜率一致时,在该分数阶傅立叶变换域,其自相关函数也将呈现冲激信号特征. 此外,由于信号 $x(t)$ 的 RWT 等于其分数阶傅立叶变换的幅度的平方,故把 $|X^{\phi}(r)|^2$ 也称为信号 $x(t)$的分数阶能量谱,即信号在不同的线性调频核函数之间的能量分布,所以,当线性调频核函数的调频斜率与 Chirp 干扰的调频斜率一致时,Chirp 干扰信号在该分数阶傅立叶变换域,其分数阶傅立叶变换的模平方也呈现冲激函数特征.

以上从三个方面分析了 Chirp 干扰信号在分数阶傅立叶变换域呈现冲激信号特征的机理,利用这个特征,我们提出对 DSSS 系统中有多个宽带 Chirp 干扰同时存在时的识别和剔除方法,该方法对接收到的信号先进行连续角度的分数阶傅立叶变换，并对其绝对值或模平方在合适的阈值下搜索局部极大值，若局部极大值存在，则表明在该分数阶傅立叶变换域有一个 Chirp 干扰存在，将大于阈值以上的分数阶傅立叶变换值，用阈值或零值代替后，再进行相同阶数的分数阶傅立叶反变换，变换到时间域，这样就识别并剔除了一个 Chirp 干扰. 当多个 Chirp 干扰同时存在时，利用分数阶傅立叶变换的线性性质，可逐一识别和剔除干扰.

4.7.3 仿真实验结果

实验 1 研究含有 1 个 Chirp 干扰的 BPSK 信号，数据长度取 256，被加性高斯白噪声影响，干扰与信号比为 10 dB，信噪比为 10 dB.

为了说明干扰抑制前后的效果，图 4.8 给出了原始的 BPSK 信号、受噪声影响的 BPSK 信号、Chirp 干扰和噪声同时存在时的 BPSK 信号实部的波形，从图 4.8(c)可以看出，由于同时受到 Chirp 干扰和噪声的影响，BPSK 信号与原始的 BPSK 信号相比变化较大，BPSK 信号几乎淹没在噪声和干扰中，且由于干扰的能量较大，BPSK 信号呈现一个明显的线性调频趋势，如果对干扰不加以识别和剔除，则会影响后续的解扩和解调.

我们对图 4.8(c)所示的信号进行分数阶傅立叶变换，图 4.9 给出了该信号在时域、频域、分数阶傅立叶变换域表示，其中图(a)是信号在时域表示，由于干扰信号较强，BPSK 信号在时域表现出强烈的调频趋势，几乎失去了原来的信号特征. 图 4.9(f) 是该信号的频率域表示，Chirp 干扰信号在频率域只是表现为宽带信号特征，故无法从频率域加以区分和剔除. 在分数阶域傅立叶变换域，当分数阶傅立叶变换的旋转角度与 Chirp 干扰信号的调频斜率不一致时，信号表示是时间表示与频率表示的组合，特征也不明显，如图 4.9(b)、(d)和(e)所示；而当旋转的角度，即分数阶傅立叶变换的阶数与 Chirp 干扰信号的调频斜率一致时，Chirp 干扰信号在该分数阶傅立叶变换域呈现

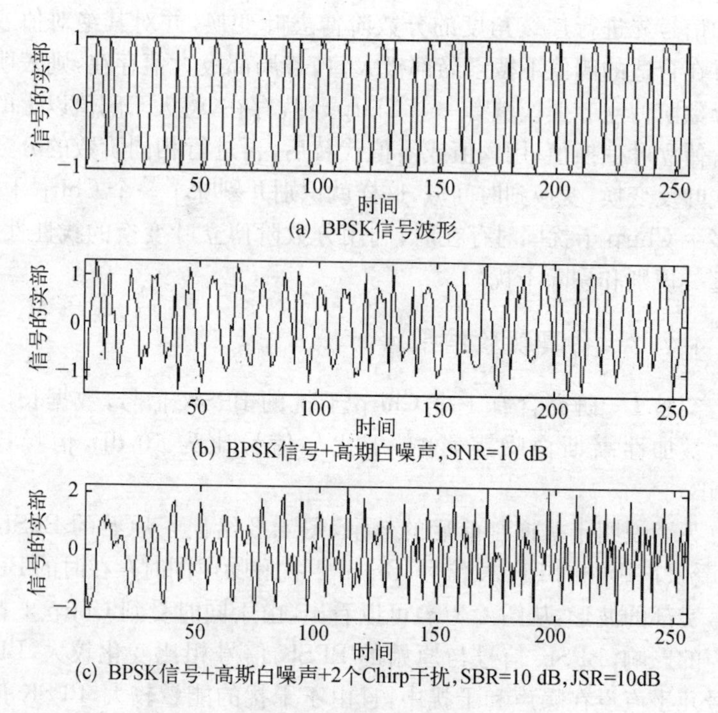

图 4.8 原始的、受噪的、噪声加 1 个 Chirp 干扰的 BPSK 信号的时域表示

冲激函数特征,即对应的分数阶傅立叶变换出现一个明显的尖峰,如图 4.9(c)所示.

将该尖峰值用 0 值代替后,对其进行阶数为 1.15 的分数阶傅立叶反变换,可以得到剔除 Chirp 干扰后的信号,如图 4.10(a)所示,与图 4.8(c)所示的信号相比,Chirp 干扰被明显地抑制. 图 4.10(b)和 4.10(c)分别是将尖峰值用较小的阈值 1.5 和较大的阈值 4 代替后,进行同一角度的分数阶傅立叶反变换得到的剔除干扰后的时域波形,比较三个图形可以看出,对于同一个 Chirp 干扰,用 0 值代替尖峰,比用阈值代替尖峰效果要好,后者在信号中残留了一些线性调频干扰成分.

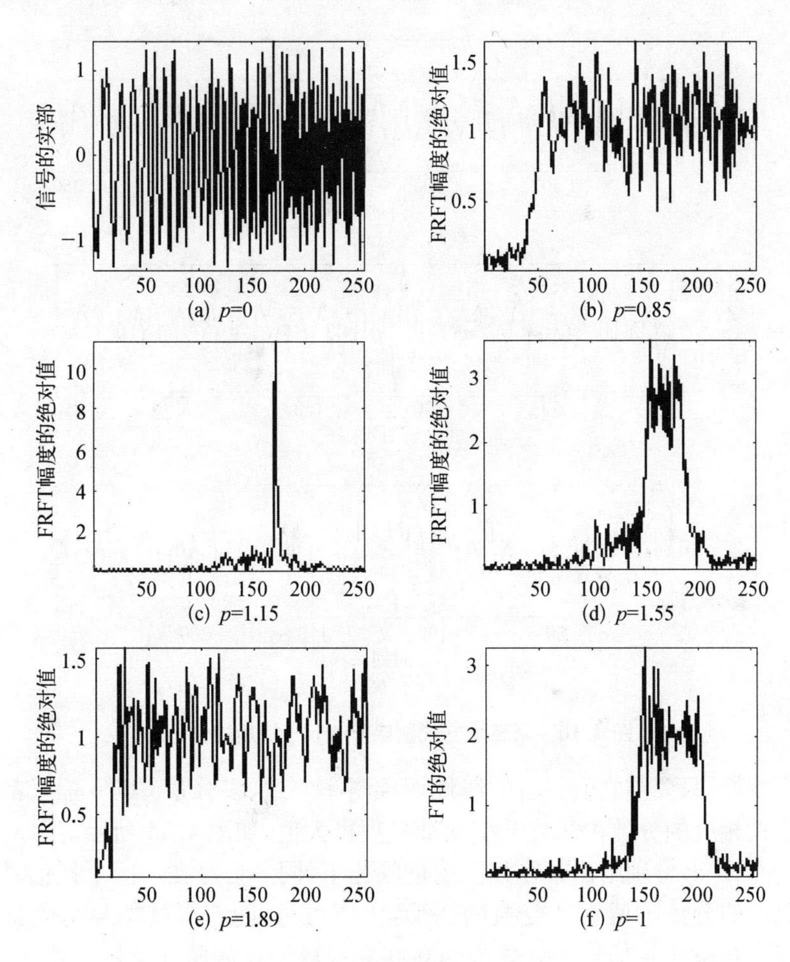

图 4.9　含有 1 个 Chirp 干扰的 BPSK 信号在时域、频域、分数阶傅立叶变换域表示(干扰与信号比为 10 dB，信噪比为 10 dB)

在一定的信噪比下，即保持 SNR＝10 dB 不变，从小到大改变 JSR，使 JSR 从－5 dB 到 20 dB 变化，在与 Chirp 干扰信号的调频斜率一致时，FRFT 仍能出现冲激信号特征，这是因为 FRFT 是一种匹

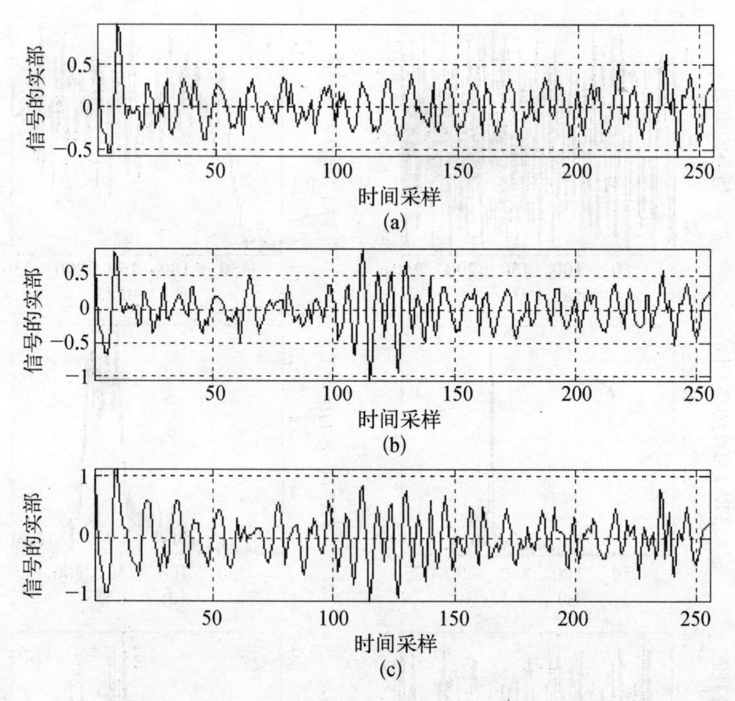

图 4.10　用三种方式剔除 Chirp 干扰后的信号

配变换，只要与它们各自的线性调频斜率一致，多分量 Chirp 信号都会在相应的分数阶傅立叶变换域呈现极大值. 如图 4.11 所示，图(a)(b)(c)(d)分别给出了在相同的信噪比下，同一信号在不同干扰信号比时的分数阶傅立叶变换的图形，由图可见，随着干扰信号比的提高，Chirp 干扰信号在分数阶傅立叶变换域呈现的脉冲特征越明显，即脉冲的宽度越窄、脉冲幅度越高，由于 Chirp 干扰在该分数阶傅立叶域的能量较为集中，可以用较低的阈值剔除 Chirp 干扰，这样对其他点的影响越小.

所以，可得出结论如下：当信噪比一定时，干扰与信号比 JSR 越大，Chirp 干扰在相应分数阶傅立叶变换域的能量越集中，识别干扰的阈值越低，剔除干扰后对信号的影响越小；干扰信号比小于某个门

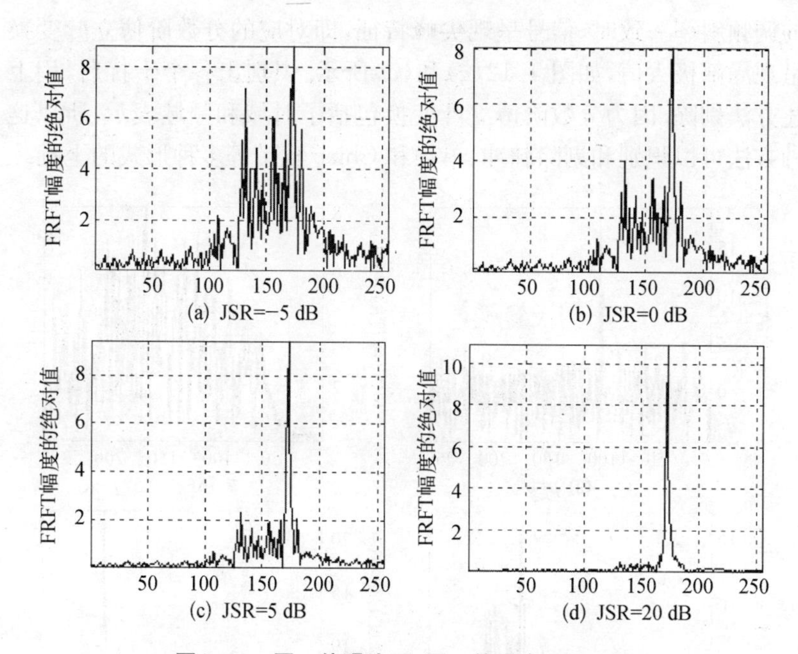

图 4.11　同一信噪比下,同一信号在不同干扰信号比时的分数阶傅立叶变换

限时(本实验为 JSR=−5 dB),该方法无法识别 Chirp 干扰的存在,这时,相当于信号相对于干扰的能量更大,较弱的 Chirp 干扰可以通过扩频通信系统自身的抵抗干扰能力来解决.

实验 2　研究含有 1 个脉冲干扰、1 个单频干扰、2 个 Chirp 干扰的 BPSK 信号,数据长度取 256,干扰信号比为 10 dB,信噪比为 1 dB.

图 4.12(a)给出了该信号在时间域表示,可以看出有一个明显的脉冲干扰,但其他干扰的特征都不明显. 图 4.12(f) 是该信号的频率域表示,单频干扰信号在频率域呈现冲激函数特征,而 Chirp 干扰信号在频率域只是表现为宽带信号特征,无法从频率域加以区分和剔除. 在分数阶域傅立叶变换域,当旋转的角度与调频斜率不一致时,信号表示是时间与频率表示的组合,特征也不明显,如图 4.12(b)和(c)所示;而当旋转的角度,即分数阶傅立叶变换的阶数与 Chirp 信号

的调频斜率一致时，信号呈现尖峰特征，即对应的分数阶傅立叶变换呈现局部极大值，如图 4.12(c)和(d)所示. 识别出各个干扰后，用上述方法剔除. 因为分数阶傅立叶变换包括了时域和频域表示，所以这种方法可以识别和剔除脉冲、单频和 Chirp 宽带等多种形式的干扰.

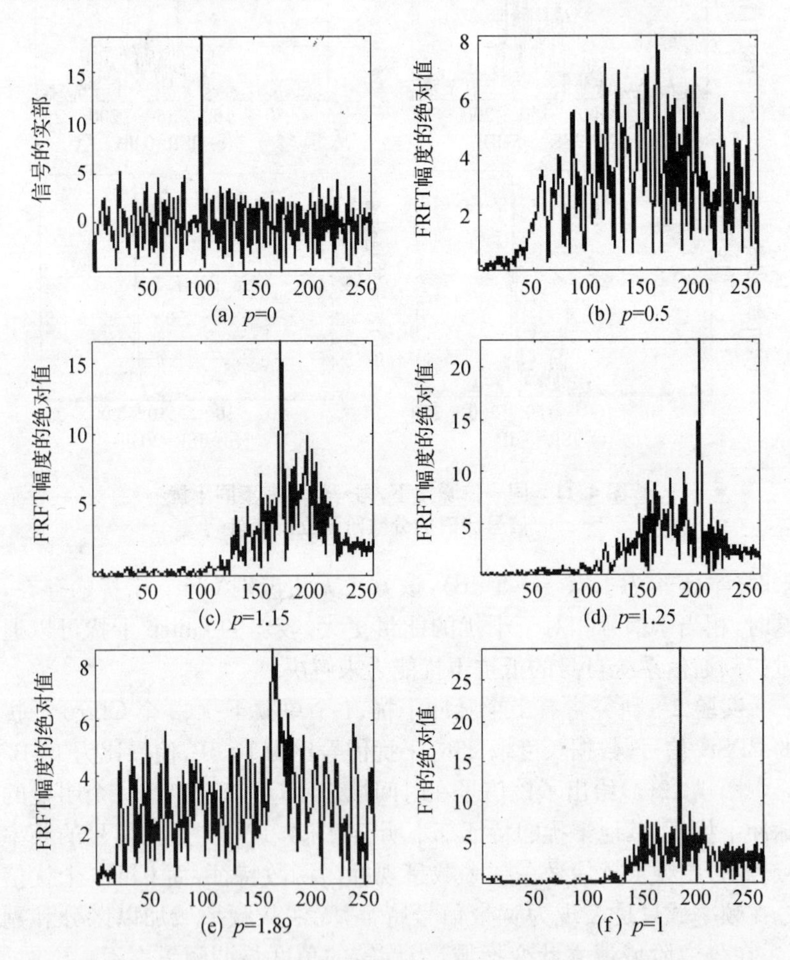

图 4.12　有 1 脉冲- 1 单频- 2chirp 干扰信号的分数阶傅立叶变换 (SNR＝1 dB,JSR＝10 dB)

4.8 本章小结

本章较系统地介绍了分数阶傅立叶变换的由来、定义、性质、常用信号的分数阶傅立叶变换、分数阶傅立叶变换域的概念与运算等基本问题后，从分数阶傅立叶变换的基函数、分数阶傅立叶变换域的自相关函数与模糊函数的关系、分数阶傅立叶变换与RWT的关系等多个方面，揭示和分析了多分量Chirp信号在与其调频斜率一致的分数阶傅立叶变换域，呈现冲激信号特征的机理，并将此特征应用于直接序列扩频通信系统中多个Chirp干扰的识别与剔除，仿真实验结果表明，该方法可以有效地识别和剔除多个Chirp干扰，与基于WVD的方法相比，不存在交叉项影响，与跟踪瞬时频率的方法相比，允许多个Chirp干扰同时存在.这种识别方法对噪声的影响不敏感，且干扰越强，识别的阈值越高，剔除干扰后对原信号的影响也越小.

第五章　基于三参数 Chirp 原子分解的时频表示与参数估计

信号分析的一个重要手段就是将复杂信号分解为简单的基本信号的线性组合，通过分析这些基本信号的特性来达到分析复杂信号的目的. 基函数的选择对信号分析性能至关重要，傅立叶变换以复指数函数为基信号，不能表示信号的时间局部性，只适合分析平稳信号；STFT 和 Gabor 扩展采用固定形状固定窗长的窗函数，时间分辨率和频率分辨率不能同时得到优化；小波变换采用恒 Q 特性的基函数，适合于分析包含自相似成分的信号；采用经过比例、时移、频移、时间切变、频率切变的高斯函数，即 Chirplet 作为基函数与信号作内积得到的 Chirplet 变换，适合于对多分量 Chirp 信号表示，但五维参数空间限制了其实际使用.

为了刻画非平稳信号的局部时频结构，信号分解已经超出基的范畴，用具有较好局部性的时频原子构成的过完备字典代替基函数的集合，信号的原子分解就是用从字典中取出的与信号的局部时频结构最相近的一些时频原子来表示它，匹配追踪算法提供了原子分解的统一框架.

本章在介绍 Chirplet 变换的定义和意义，分析匹配追踪算法原理后，首先提出了基于分数阶傅立叶变换的旋转-径向移位复合算子，然后将该算子应用于比例后的高斯函数，得到用比例、旋转、径向移位三个参数表示的 Chirp 原子，其次详细说明了预估计匹配追逐(PEMP)原理和数值实现算法和仿真实验结果，最后给出了将 PEMP 方法应用于实际的声音信号和实测的地震数据分解中的实例.

5.1 仿射时频变换算子及其对 WVD 的影响

5.1.1 厄密算子(Hermitian Operators)与酉算子(Unitary Operator)

算子在发展时频分析的理论方面起到了重要的作用[112~114]. 任意一个变量都可以与一个厄密算子,或者等价地与一个酉算子相联系,算子的特征函数定义了信号关于这个变量的变换和表示. 如果一个算子 $\mathbf{A}$ 是线性的,当且仅当它满足:

$$[\mathbf{A}(g+h)](t)=(\mathbf{A}g)(t)+(\mathbf{A}h)(t),\ g(t),\ h(t)\in L^2(\mathbb{R}) \tag{5.1}$$

如果 $\mathbf{A}$ 是一个厄密算子,则算子 $\mathbf{A}$ 必须满足以下的内积关系[115]:

$$<\mathbf{A}g(t),\ h(t)>=<g(t),\ \mathbf{A}h(t)>,\ g(t),\ h(t)\in L^2(\mathbb{R}) \tag{5.2}$$

算子 $\mathbf{U}$ 是一个酉算子,则应该满足[115]:

$$\mathbf{U}\mathbf{U}^{+}=\mathbf{U}^{+}\mathbf{U}=\mathbf{I} \tag{5.3}$$

这里 $\mathbf{U}^{+}$ 是 $\mathbf{U}$ 的伴随算子,$\mathbf{I}$ 是单位算子(在本论文中,大写斜体字母表示厄密算子,大写正体字母表示酉算子),酉算子保持了内积关系和能量守恒关系,即:

$$<\mathbf{U}g(t),\ \mathbf{U}h(t)>=<g(t),\ h(t)>,\ g(t),\ h(t)\in L^2(\mathbb{R}) \tag{5.4}$$

$$\|\mathbf{U}g(t)\|^2=\|g(t)\|^2,\ g(t)\in L^2(\mathbb{R}) \tag{5.5}$$

对任意变量 a,令与其对应的厄密算子为 $\mathbf{A}$,与 $\mathbf{A}$ 相联系的是特征方程:

$$\mathbf{A}u_{\mathrm{A}}(t,\ a)=au_{\mathrm{A}}(t,\ a) \tag{5.6}$$

式中$\{u_A(t, a)\}$是由厄密算子$\boldsymbol{A}$的特征函数组成的集合，a是特征值，且为实数. 因为归一化的特征函数构成了一个完备的正交的基函数集合，即特征函数满足：

$$\int u_A(t, a)u_A^*(t, a')\mathrm{d}t = \delta(a-a') \tag{5.7}$$

$$\int u_A(t, a)u_A^*(t', a)\mathrm{d}a = \delta(t-t') \tag{5.8}$$

所以，通过扩展信号到由变量a的厄密算子的特征函数构成的基函数，任意一个信号$x(t)$都可以用变量a来表示：

$$X_A(a) = \int x(t)u^*(t, a)\mathrm{d}t \tag{5.9}$$

$$x(t) = \int X_A(a)u_A(t, a)\mathrm{d}a \tag{5.10}$$

时间t和频率f是两个最基本的物理量，对于时域信号$x(t)$，时间的厄密算子和频率的厄密算子分别定义为[116]：

$$(\boldsymbol{T}x)(t) = tx(t) \tag{5.11}$$

$$(\boldsymbol{F}x)(t) = \frac{-\mathrm{j}}{2\pi}\frac{\mathrm{d}}{\mathrm{d}t}x(t) \tag{5.12}$$

时间的厄密算子$\boldsymbol{T}$的特征函数是冲激函数，即$u_T(t, t') = \delta(t-t')$，对应于(5.9)的信号变换就是恒等变换

$$X_T(t') = \int x(t)\delta(t-t')\mathrm{d}t \tag{5.13}$$

频率的厄密算子$\boldsymbol{F}$的特征函数是复指数函数，即$u_F(t, f) = \mathrm{e}^{\mathrm{j}2\pi ft}$，对应于(5.9)的信号变换则是傅立叶变换

$$X_F(f) = \int x(t)\mathrm{e}^{-\mathrm{j}2\pi ft}\mathrm{d}t \tag{5.14}$$

这样，时间厄密算子$\boldsymbol{T}$和频率厄密算子$\boldsymbol{F}$分别与恒等变换和傅立叶

变换相联系.

一个物理量还可以与一个参数化的酉算子建立联系,对于时域信号 $x(t)$,参数化的时间酉算子和频率酉算子分别定义为[116]:

$$(\boldsymbol{T}_{\tau}x)(t) = x(t-\tau) \tag{5.15}$$

$$(\boldsymbol{F}_{v}x)(t) = x(t)\mathrm{e}^{\mathrm{j}2\pi vt} \tag{5.16}$$

因为 $\boldsymbol{T}_{\tau}$ 和 $\boldsymbol{F}_{v}$ 分别描述了信号支撑区在时间和频率方向的移动,所以 $\boldsymbol{T}_{\tau}$ 和 $\boldsymbol{F}_{v}$ 又称为时移算子和频移算子,时移算子 $\boldsymbol{T}_{\tau}$ 中的参数 τ 表示时域信号 $x(t)$ 在时间方向上的移动量,同理,频移算子 $\boldsymbol{F}_{v}$ 中的 v 表示信号的傅立叶变换 $X(f)$ 在频率方向上移动量,它也可以表示为:

$$(\mathbb{F}(F_{v}x)(t))(f) = (\mathbb{F}x)(f-v) \tag{5.17}$$

式中 $\mathbb{F}$ 为傅立叶变换算子.

任意两个对偶变量的厄密算子和酉算子之间存在着对应相等关系[117],时间和频率是两个对偶变量,则它们的厄密算子和酉算子之间的关系为:

$$\boldsymbol{T}_{\tau} = \mathrm{e}^{-\mathrm{j}2\pi\tau F},\ \boldsymbol{F}_{v} = \mathrm{e}^{-\mathrm{j}2\pi vT} \tag{5.18}$$

上述关系说明,时间的厄密算子的指数化就是频率的酉算子,反之亦然.由于参数化的酉算子中的参数直接对应变量值的改变,由酉算子定义的信号变换对信号的变化或者不变或者协变,这个特性对于研究基函数的变化引起其时频分布的变化是非常合适的,所以,本论文中一律使用酉算子.

5.1.2 仿射时频变换算子及其对 WVD 的影响

为了在数学上描述基函数的变化,除了定义时移算子 $\boldsymbol{T}_{\tau}$ 和频移算子 $\boldsymbol{F}_{v}$ 外,还需定义其他几种仿射时频变换算子,并研究这些算子作用于基函数后,其引起其时频分布变化规律.

(1) 比例算子(时频拉伸算子)$\boldsymbol{C}_{a}$ 定义为:

$$(\mathbf{C}_a x)(t) = a^{-\frac{1}{2}} x\left(\frac{t}{a}\right),\ a > 0 \tag{5.19}$$

比例算子作用于信号后，若 $a>1$ 则使信号在时域的支撑区拉伸，若 $0<a<1$ 则使信号的时域支撑区压缩，由傅立叶变换的性质可知，信号在时域的拉伸引起其在频域的压缩，反之亦然，所以，比例算子对时间和频率的作用是协变的.

(2) 频率切变算子 $\mathbf{\Omega}_\beta$ 定义为：

$$(\mathbf{\Omega}_\beta x)(t) = x(t)\mathrm{e}^{\mathrm{j}2\pi\beta t^2/2} \tag{5.20}$$

它是通过信号与线性调频函数的乘积来实现的，由于时域的乘积引起频域的卷积，则频率切变算子不改变信号的时间宽度，而是使频带宽度发生变化，从而引起信号的时频分布在频率方向上的切变.

(3) 时间切变算子 $\mathbf{Q}_\eta$ 定义为：

$$(\mathbf{Q}_\eta x)(t) = x(t) * \sqrt{|\eta|}\,\mathrm{e}^{\mathrm{j}2\pi\eta t^2/2} \tag{5.21}$$

它是通过信号与线性调频函数的卷积来完成的，由于时域的卷积引起其频域的乘积，则时间切变算子不改变信号的频带宽度，而是使信号的时间宽度发生变化，从而引起信号的时频分布在时间方向上的切变. 信号与线性调频信号的卷积，相当于信号通过一个时延与频率成线性关系的滤波器，从而使信号增添了与频率成正比的群延迟，这与实际中大量存在的信号通过媒介传播时所产生的频散现象是一致的.

根据 WVD 的性质，可以得到这些算子作用于信号后，引起其 WVD 发生相应的变化，如表 5.1 所示，由此可见，WVD 对时移和频移是不变的，对比例算子是协变的，对时间切变算子产生与切变量其成反比的群延迟，对频率切变算子产生与切变量成正比的瞬时频率. 文献[118]证明了时移、频移、比例、时间切变、频率切变算子都是能量保持算子.

表 5.1　几种仿射时频变换算子及其对 WVD 的作用效果

序号	算子名称	对信号的作用	WVD 的变化
1	时间平移	$(\boldsymbol{T}_{\tau}x)(t)=x(t-\tau)$	$WVD_{x'}(t,f)=WVD_{x}(t-\tau,f)$
2	频率平移	$(\boldsymbol{F}_{v}x)(t)=\mathrm{e}^{\mathrm{j}2\pi vt}x(t)$	$WVD_{x'}(t,f)=WVD_{x}(t,f-v)$
3	时频比例	$(\boldsymbol{C}_{a}x)(t)=a^{-\frac{1}{2}}x(\frac{t}{a})$	$WVD_{x'}(t,f)=WVD_{x}\left(at,\frac{f}{a}\right)$
4	频率切变	$(\boldsymbol{\Omega}_{\beta}x)(t)=\mathrm{e}^{\mathrm{j}2\pi\beta t^{2}/2}x(t)$	$WVD_{x'}(t,f)=WVD_{x}(t,f-\beta t)$
5	时间切变	$(\boldsymbol{Q}_{\eta}x)(t)=x(t)*\sqrt{\lvert\eta\rvert}\mathrm{e}^{\mathrm{j}2\pi\eta t^{2}/2}$	$WVD_{x'}(t,f)=WVD_{x}\left(t-\frac{f}{\eta},f\right)$

为了形象直观地描述这几种仿射时频变换算子,作用于信号后引起其时频分布的变化,以具有矩形时频支撑区的信号的时频分布为例,说明以上定义的各种仿射时频变换算子作用于信号后,WVD产生相应的变化,如图 5.1 所示. 应当说明,由于受不确定原理的制约,任何一个实际信号,都不可能同时具有有限的时间支撑和有限的频率支撑,这里使用矩形时频支撑区仅在于说明算子的作用效果.

5.2　Chirplet 变换的定义与物理意义

几种仿射时频变换算子对信号的连续作用可等效为一个合成算子:

$$Q_{q}\Omega_{p}C_{a}F_{f}T_{t}g(t)=M_{t,f,a,p,q}g(t)=g_{t,f,a,p,q}(t)\qquad(5.22)$$

合成算子作用于基函数后,引起基函数发生一系列变化,时移和频移

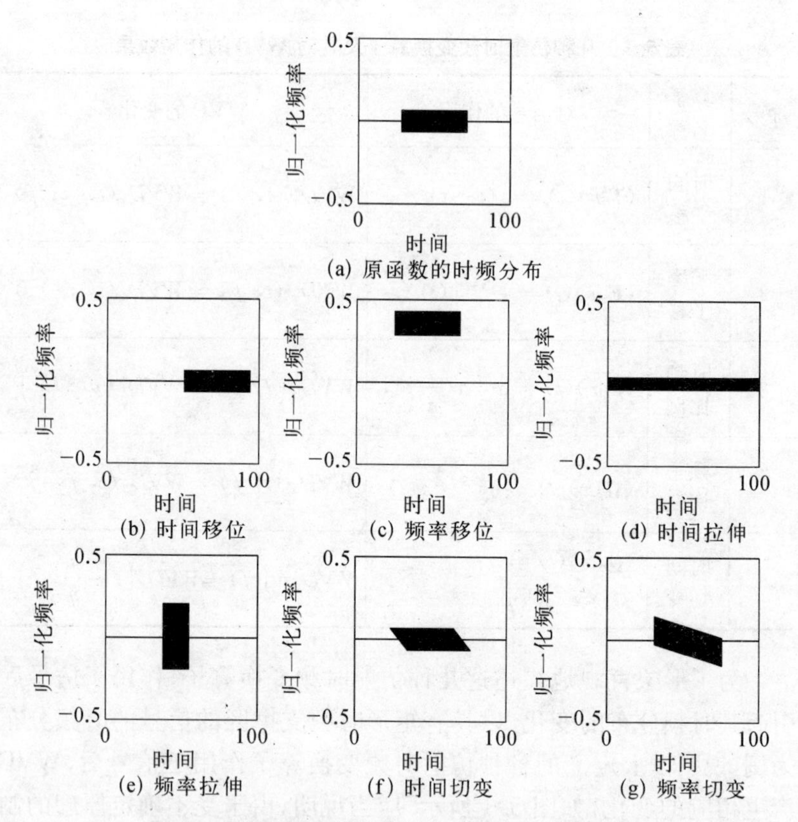

图 5.1　仿射时频算子引起的 WVD 变化的示意图

算子使 $g(t)$的时间中心和频率中心发生移动,但时间宽度和频带宽度不变,即 $g(t)$的时频分布在时频平面的形状不变;比例算子使 $g(t)$的时间宽度和频带宽度发生了协变,但其时频分布在时频平面的面积不变;频率切变算子不改变 $g(t)$的时间宽度,却使得 $g(t)$的频带宽度发生变化,从而使其时频分布的形状在频率方向发生了切变,相应地在时频平面的面积也发生了变化;时间切变算子虽然不改变 $g(t)$的频带宽度,但使得 $g(t)$的时间宽度发生变化,从而使得 $g(t)$的时频分布的形状在时间方向发生了切变,相应地在时频平面的面积也发生了变化.

以小波为基函数的线性变换叫作小波变换，对基函数连续实施时移、频移、比例、时间切变和频率切变五种操作之后，与信号作内积形成的变换称为 Chirplet 变换[48]：

$$(C^{ct}x)(t,\ f,\ a,\ p,\ q)=<x(t),\ M_{t,\ f,\ a,\ p,\ q}g(t)>$$
$$=(\mathrm{j}p\mathrm{e}^{a})^{-1/2}\iint x(u)g^{*}[\mathrm{e}^{-a}(u-t)-v]\cdot$$
$$\mathrm{e}^{-\mathrm{j}\pi\{2fu+v^{2}/p+q[\mathrm{e}^{-a}(u-t)-v]^{2}\}}\mathrm{d}u\mathrm{d}v \tag{5.23}$$

Chirplet 变换的出发点是将 STFT、小波变换等广义化，则 Chirplet 变换包含了这些变换作为其低维特例，如果令 Chirplet 变换中基函数的比例、时间切变、频率切变参数均为零，得到的是 STFT：

$$(C^{stft}x)(t,\ f)=\int_{-\infty}^{\infty}x(u)g^{*}(u-t)\mathrm{e}^{-\mathrm{j}2\pi fu}\mathrm{d}u$$
$$=<x(u),\ g(u-t)\mathrm{e}^{\mathrm{j}2\pi fu}>$$
$$=<x(u),\ g_{t,\ f,\ 0,\ 0,\ 0}(u)> \tag{5.24}$$

同样可得到小波变换为：

$$(C^{wt}x)(t,\ a)=\mathrm{e}^{-a/2}\int_{-\infty}^{\infty}x(u)g^{*}[\mathrm{e}^{-a}(u-t)]\mathrm{d}u$$
$$=<x(u),\ g[\mathrm{e}^{-a}(u-t)]>$$
$$=<x(u),\ g_{t,\ 0,\ a,\ 0,\ 0}(u)> \tag{5.25}$$

不考虑时间切变算子，则 Chirplet 变换就退化为高斯线调频小波变换(GCT：Gaussian Chirplet Transform)

$$(C^{GCT}x)(t,\ f,\ \log(\Delta t),\ 0,\ q)$$
$$=\frac{1}{\sqrt{\sqrt{\pi}\Delta t}}\int_{-\infty}^{\infty}x(u)\exp\left[-\frac{1}{2}\left(\frac{u-t}{\Delta t}\right)^{2}\cdot\exp[\mathrm{j}2\pi(fu+qu^{2})]\right]\mathrm{d}u$$
$$=<x(u),\ g_{t,\ f,\ \log(\Delta t),\ 0,\ q}(u)> \tag{5.26}$$

Chirplet 变换是一种五维参数空间的线性变换，从参数集合 $\lambda=(t, f, a, p, q)$ 中选择任意一个、两个、三个、四个不同的参数，即对基函数实施不同的仿射时频变换算子，然后与待分析的信号作内积，就可以得到具有不用含义和不同作用的线性积分变换，傅立叶变换是仅含频移参数的一维 Chirplet 变换(频率变换)；STFT 是时移和频移参数不为零二维 Chirplet 变换(时间-频率变换)；小波变换是时移和尺度参数不为零的二维 Chirplet 变换(时间-尺度变换)；多窗 STFT 是一种三维 Chirplet 变换(时间-频率-尺度变换)；高斯线调频小波变换是四维 Chirplet 变换(时间-频率-尺度-线性调频斜率变换).

信号 $x(t)$ 的可变窗宽的短时傅立叶变换体积是时间、频率和尺度这三个变量的函数，信号的这种体积表示称为信号的时间—频率—尺度变换. 小波变换是一种时间—尺度变换，如果取信号与无穷多个不同调制频率的小波作内积，则可以得到小波变换的体积表示，同样它也属于时间—频率—尺度变换. 如果将平行于时间轴和频率轴的 STFT 和小波变换的矩形时频网格改为平行四边形，由于 Chirp 信号在时频平面呈直线，且直线的斜率对应着线性调频斜率(Chirp-rate)，称这种信号的体积表示为时间—频率—线性调频斜率变换，这样时频网格与 STFT 和小波变换不同，它考虑了信号的频率变化，所以它对 Chirp 这样的变频信号相当于一阶逼近，可以得到更好的分析性能. 如果在时间—频率—线性调频斜率变换的同时，再加上尺度参数，就构成信号 $x(t)$ 的时间—频率—尺度—线性调频斜率表示，它是高斯线调频小波变换. 由此可知，Chirplet 变换是由时间-频率-尺度-时间切变-频率切变五个参数构成的高维信号空间表示. 信号表示空间的高维化是由实际信号的特殊结构决定的，是以追求完美地刻画复杂多样的信号时频特征的结果.

Chirplet 变换在理论和方法上都极具吸引力，Chirplet 变换的引入不仅可以在一个统一的框架内比较现有的各种参数化线性时频表示，如短时傅立叶变换、多窗 STFT、小波变换、多分辨率小波变换等，而且还能够针对具有某些特殊性质的非平稳信号，提供新的信号表示的设计方法.但是,高维参数空间使得计算、存储和显示都不方便,Chirplet 变换真正成为非平稳信号的分析与处理工具,还有许多问题有待探索和解决[2].

为了刻画非平稳信号的局部时频结构得到信号的紧凑表示,信号分解已超出基的范畴,而是用由时频原子构成的过完备字典代替基函数的集合,信号的原子分解就是用从字典中取出的、与信号的局部时频结构最相近的一些时频原子来表示它,信号的过完备分解使得信号自适应表示成为可能,匹配追逐原理提供了寻找最佳时频原子的统一框架.

5.3 匹配追逐算法原理

设 H 代表希尔伯特空间,$\{g_\gamma\}_{\lambda\in\Gamma}\in\mathbf{D}$ 是 H 中的一个向量集合,其中 Γ 是指标集,并且 $\mathbf{D}$ 中的各向量都具有单位能量,即 $\|g_\gamma\|=1$,令 $\mathbf{V}$ 是由 $\mathbf{D}$ 中的元素所张成的一个线性闭子空间 $\mathbf{V}=Span(\mathbf{D})$,且 $\mathbf{D}$ 中向量的有限的线性扩展在 V 中是稠密的,则当且仅当 $\mathrm{V}=\mathrm{H}$ 时,$\mathbf{D}$ 是完备的.

对于任意函数 $x(t)\in\mathrm{H}$,可以由它在 $\mathbf{D}$ 中元素上的正交投影来近似表示:

$$x(t)=\langle x(t),\ g_\gamma(t)\rangle g_\gamma(t)+Rx(t) \tag{5.27}$$

其中,$\langle x(t),\ g_\gamma(t)\rangle g_\gamma(t)$ 是 $x(t)$ 在 $g_\gamma(t)$ 方向上的正交投影,而 $Rx(t)$ 则是投影后 $x(t)$ 的残余量. 显然,$Rx(t)$ 与 $g_\gamma(t)$ 正交,记 $Rx(t)\perp g_\gamma(t)$,又因为 $\|g_\gamma(t)\|=1$,从而有:

$$\|x(t)\|^2=|\langle x(t),\ g_\gamma(t)\rangle|^2+\|Rx(t)\|^2 \tag{5.28}$$

对 $Rx(t)$ 可进行同样的分解, 如此反复, 对于基序列 $\{g_{\gamma_n}(t)\}_{n=0,\cdots,N-1}$,可分解得

$$x(t)=\sum_{n=0}^{N-1}\langle R^n x(t),\ g_{\gamma_n}(t)\rangle g_{\gamma_n}(t)+R^N x(t) \tag{5.29}$$

这里 $R^0x(t)=x(t)$，这样，就将信号 $x(t)$ 分解为对基向量 $g_{\gamma_n}(t)$ 的投影与残余的组合，虽然各个向量 $g_{\gamma_n}(t)$ 之间不一定是正交的，但因为分解采用的是正交投影，所以确保了所得到的投影序列的能量可类似正交分解那样简单叠加，则进一步有能量守恒关系：

$$\|x(t)\|^2=|<R^0x(t),\ g_{\gamma_0}(t)>|^2+\|R^1x(t)\|^2$$

$$=\sum_{n=0}^{N-1}|\langle R^nx(t),\ g_{\gamma_n}(t)\rangle|^2+\|R^Nx(t)\|^2 \tag{5.30}$$

由上式可见，为了用最少的向量来表示信号 $x(t)$，则在每一步分解中，都必须选择 $g_{\gamma_n}(t)$ 使得 $|\langle R^nx(t),\ g_{\gamma_n}(t)\rangle|$ 最大，从而使得残余 $R^nx(t)$ 最小，可以想象，这样所形成的向量 $g_{\gamma_n}(t)$ 的集合是最小的.

可以证明[51]，对于任意信号 $x(t)\in L^2(R)$，由式(5.29)和式(5.30)确定的分解方法所得到的能量残余序列 $\{R^nx(t)\}_{n=0,\cdots,+\infty}$，满足 $\lim\limits_{n\to\infty}\|R^nx(t)\|=0$，即 $R^nx(t)$ 是柯西序列，因此，当 $N\to\infty$ 时，就有：

$$x(t)=\sum_{n=0}^{\infty}\langle R^nx(t),\ g_{\gamma_n}(t)\rangle g_{\gamma_n}(t) \tag{5.31}$$

式(5.31)说明当 $N\to\infty$ 时，残余量 $R^nx(t)$ 趋于零，迭代过程收敛，从而 H 空间的任意函数都可以按(5.31)式扩展到 H 空间的一组完备的向量上，分解系数由残余向量和基向量的内积给出，分解过程是一个收敛的迭代过程，且保持能量守恒.

$$\|x(t)\|^2=\sum_{n=0}^{\infty}|\langle R^nx(t),\ g_{\gamma_n}(t)\rangle|^2 \tag{5.32}$$

为考察 $R^nx(t)$ 的衰减速度，定义残余向量 $R^nx(t)$ 和基向量 $g_{\gamma_n}(t)$ 之间夹角为 θ_n，由图 5.2 所示的正交投影原理可知，θ_n 满足：

$$\cos\theta_n=\frac{|\langle R^nx(t),\ g_{\gamma_n}(t)\rangle|\cdot\|g_{\gamma_n}(t)\|}{\|R^nx(t)\|}=\frac{|\langle R^nx(t),\ g_{\gamma_n}(t)\rangle|}{\|R^nx(t)\|} \tag{5.33}$$

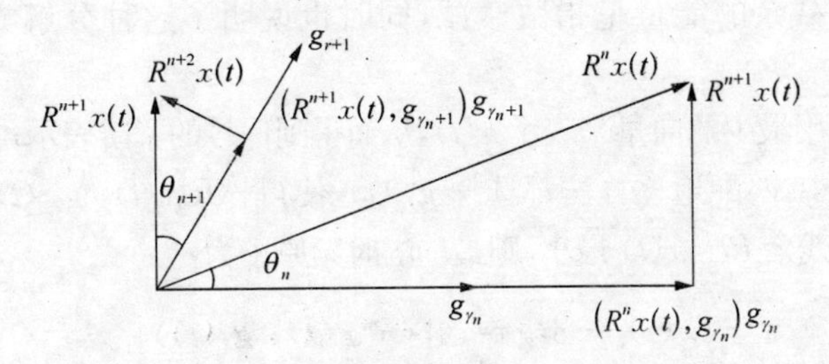

图 5.2　正交投影原理示意图

而分解过程残余的能量可表示为：

$$\begin{aligned}\| R^{n+1}x(t)\|^2 &= \| R^n x(t)\|^2 - |\langle R^n x(t),\ g_{\gamma_n}(t)\rangle| \\ &= \| R^n x(t)\|^2 - \| R^n x(t)\|^2\cos^2\theta_n \\ &= \| R^n x(t)\|^2\sin^2\theta_n \\ &= \| R^0 x(t)\|^2\prod_{i=0}^{n}\sin^2\theta_i \end{aligned} \tag{5.34}$$

由于在每一步分解中都力求寻找与残余能量最匹配的基向量，即选择的基向量不可能与残余向量垂直，故：

$$0 \leqslant \sin^2\theta_i < 1 \quad \forall i \tag{5.35}$$

令

$$\sin\theta_{\max} = \max(\sin\theta_i) < 1 \tag{5.36}$$

则

$$0 \leqslant |\sin\theta_{\max}| < 1 \tag{5.37}$$

将式(5.36)和式(5.37)代入式(5.34)得到：

$$\| R^n x(t)\|^2 = \| x(t)\|^2\prod_{i=0}^{n-1}\sin^2\theta_i \leqslant \| x(t)\|^2|\sin\theta_{\max}|^n \tag{5.38}$$

上式说明残余的能量呈指数衰减，同时也说明了这种分解方法的收敛性.

为了用最少的向量来表示 $x(t)$，从而得到信号的紧凑表示，在每一步分解过程中，匹配追逐算法都选择 $g_{\gamma_n}(t)$，使得 $|\langle R^n x(t), g_{\gamma_n}(t)\rangle|$ 最大，也就是使残余 $R^{n+1}x(t)$ 最小，则最佳的时频原子为：

$$g_{\gamma_n}(t) = \arg\max_{\gamma\in\Gamma} |\langle R^n x(t), g_r(t)\rangle| \tag{5.39}$$

由于最佳原子的参数取值都是连续的，寻找这样的最佳原子需要面临高维连续参数空间的搜索，用遍历整个参数集内搜索方法是不可取的. 对于四参数 Chirp 时频原子，在满足完备条件 $\Delta u \times \Delta\zeta < 2\pi$ 下采样，所对应的离散指标集为：

$$\{(\alpha_k, t_k, \omega_k, \beta_k) = (a^{\mathrm{j}}, na^{\mathrm{j}}\Delta u, ka^{-\mathrm{j}}\Delta\xi, la^{-2\mathrm{j}}\Delta\beta), \mathrm{j}, n, k, l \in \mathbb{Z}\} \tag{5.40}$$

在离散字典里搜索最佳 Chirp 原子计算负担为 $O(MN^2\log N)$[60]，为了寻找最佳 Chirp 原子，进行这样无理性地搜索，仅对于具有较少 Chirp 成分且较短数据长度的信号分析是可行的，为此，文献[58]建议通过限制 Chirp 率的分辨率来降低字典的尺度以减轻计算量.

匹配追踪算法提供了信号过完备分解的思想和框架，但在一个庞大的冗余的过完备的字典里搜索多参数最佳原子，是一个复杂的多极值优化问题，到目前为止还没有得到解析的表达式[52]，其数值解法在计算速度和精度方面一直保持着开放的研究课题[61]. 文献[60]提出了先找到最佳 Gabor 原子，再对 Gabor 原子进行局部优化来得到最佳 Chirp 原子的方法，文献[61]则提出在一个初始值下快速精练 Chirp 原子参数的改进方法. 本文从两个方面对匹配追逐算法作了改进，一是减少表示最佳原子的参数，提出了基于旋转-径向移位算子的三参数 Chirp 原子，二是将参数估计引入到搜索最佳原子的过程中，提出了预估计的匹配追踪算法.

5.4 旋转-径向移位复合算子

为了使基函数更好地匹配非平稳信号的局部时频特性,将各种算子同时作用于基函数,时移算子和频移算子确定感兴趣的时频局部区域;比例算子使基函数与信号的时间支撑区和频率支撑区匹配;频率切变算子的作用在于分析实际信号中存在的频率随时间变化的特性;而时间切变算子的物理意义则是对不同频率的信号成分产生不同的时间延迟.作用的算子越多,能够匹配或逼近的时频结构越多,但同时时频原子的参数越多,寻找最佳时频原子就越困难.为了用较少的参数表达相同的基函数的效果,我们了提出旋转的径向移位复合算子.

5.4.1 时间切变、频率切变与旋转的关系

要完成一幅图像的旋转,可连续进行三次空中翻动,如图 5.3 所示,以图像中的一点(x_0, y_0)旋转到(x_3, y_3)为例,可以通过以下坐标变换来实现,

$$\begin{cases}(x_0, y_0) \to (x_0 - Ay_0, y_0) = (x_1, y_1) \\ (x_1, y_1) \to (x_1, y_1 + Bx_1) = (x_2, y_2) \\ (x_2, y_2) \to (x_2 - Cy_2, y_2) = (x_3, y_3)\end{cases} \tag{5.41}$$

根据表 5.1 所示的频率切变和时间切变算子引起 WVD 的变化,

$$(\mathbf{\Omega}_\beta x)(t) = \mathrm{e}^{\mathrm{j}2\pi\beta t^2/2} x(t) \Rightarrow WVD_{x'}(t, f) = WVD_x(t, f - \beta t)$$

$$(\mathbf{Q}_\eta x)(t) = x(t) * \sqrt{|\eta|}\, \mathrm{e}^{\mathrm{j}2\pi\eta t^2/2} \Rightarrow$$

$$WVD_{x'}(t, f) = WVD_x\left(t - \frac{f}{\eta}, f\right) \tag{5.42}$$

对照式(5.41)和(5.42),将信号的 WVD 视为图像,则 WVD 的旋转可以通过时间切变、频率切变、时间切变的线性组合来实现,所以,旋

转可以代替时间切变和频率切变.

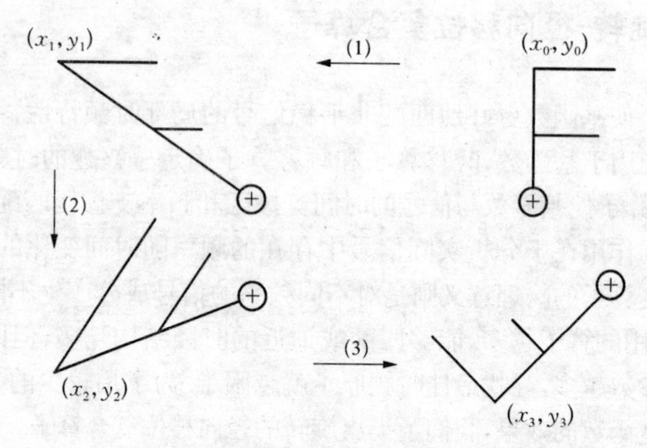

图 5.3 图像切变与图像旋转的关系

5.4.2 信号的 WVD 与其 FRFT 的 WVD 的旋转的关系

令 $WVD_{X^\phi}(t, f)$ 代表信号 $x(t)$ 角度为 ϕ 的分数阶傅立叶变换的 WVD, $WVD_x(t, f)$ 代表原始信号 $x(t)$ 的 WVD,两者的关系可表示为:

$$WVD_{X^\phi}(t, f) = WVD_x(t\cos\phi - f\sin\phi, t\sin\phi + f\cos\phi) \tag{5.43}$$

这个关系表明:信号的具有一定角度的分数阶傅立叶变换的 WVD 与信号先在时频平面旋转同一角度后再进行 WVD 是相等的[106],这也说明通过对原始信号的 WVD 顺时针旋转 ϕ 角度,相当于其分数阶傅立叶变换的 WVD,反之,对信号的分数阶傅立叶变换的 WVD 逆时针旋转 ϕ 角度,可得到原始信号的 WVD. 即 $WVD_x(t, f)$ 和 $WVD_{X^\phi}(t, f)$ 彼此构成一个简单的旋转关系,且旋转的角度对应着分数阶傅立叶变换的角度. 这个关系的证明见附录 A2.

5.4.3 基于分数阶傅立叶变换的旋转-径向移位算子

由于在时频平面的旋转相当于频率切变和时间切变的组合,旋转既可以得到两种切变的效果又可以克服两种切变所造成的时频支撑区的变形，而信号在时频平面旋转又可以通过对信号进行相应角度的分数阶傅立叶变换后再进行 WVD 而达到. 借助于分数阶傅立叶变换的定义，定义旋转算子为：

$$
\begin{aligned}
(\mathbf{R}_\phi x)(t) &= (\mathbb{F}^\phi x)(t) = X^\phi(r) \\
&= \sqrt{1-\mathrm{j}\cot\phi}\,\mathrm{e}^{\mathrm{j}\pi r^2\cot\phi}\int x(t)\,\mathrm{e}^{\mathrm{j}\pi t^2\cot\phi-\mathrm{j}2\pi t r\csc\phi}\,\mathrm{d}t
\end{aligned} \tag{5.44}
$$

这里 $\mathbf{R}_\phi$ 和$\mathbb{F}^\phi$分别是旋转算子和分数阶傅立叶变换算子，旋转使信号从时间域表示变换到分数阶傅立叶变换域表示，分数阶傅立叶域变量用 r 表示，然后令旋转后的信号沿旋转的方向径向移动，即在分数阶傅立叶域沿 r 方向移动一段距离 ρ，如图 5.4(a)所示，用 $\mathbf{P}\rho$ 表示径向移位算子，完整地表示旋转-径向移位算子为：

$$
\begin{aligned}
(\mathbf{P}_\rho\mathbf{R}_\phi x)(t) &= (\mathbf{P}_\rho X^\phi)(r) = X^\phi(r-\rho) \\
&= \sqrt{1-\mathrm{j}\cot\phi}\,\mathrm{e}^{\mathrm{j}\pi(r-\rho)^2\cot\phi}\int x(t)\,\mathrm{e}^{\mathrm{j}\pi t^2\cot\phi-2\mathrm{j}\pi t(r-\rho)\csc\phi}\,\mathrm{d}t
\end{aligned} \tag{5.45}
$$

(a) 旋转-径向移位

(b) 旋转0°-时移

(c) 旋转90°-频移

(d) 旋转0°-时移-频移

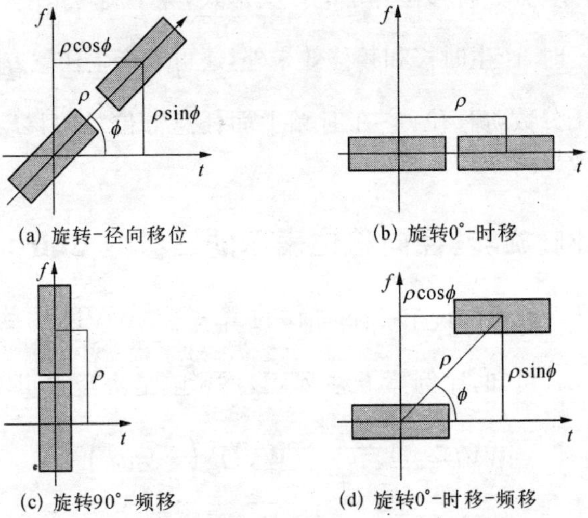

图 5.4 旋转-径向移位算子及其特殊情况

正如分数阶傅立叶变换在 $\phi=0$ 和 $\phi=\frac{\pi}{2}$ 时分别退化为恒等变换和普通傅立叶变换一样,旋转-径向移位复合算子 $\mathbf{P}_\rho\mathbf{R}_\phi$ 在 $\phi=0$ 和 $\phi=\frac{\pi}{2}$ 时也分别退化为时移算子 $\mathbf{T}_\rho$ 和频移算子 $\mathbf{F}_\rho$,如图 5.4(b)和(c)所示,即:

$$(\mathbf{P}_\rho\mathbf{R}_\phi x)(t)=(\mathbf{T}_\rho\mathbf{R}_0 x)(t)=(\mathbf{T}_\rho x)(t)=x(t-\rho) \quad (5.46)$$

$$(\mathbf{P}_\rho\mathbf{R}_\phi x)(t)=(\mathbf{F}_\rho\mathbf{R}_{\frac{\pi}{2}} x)(t)=(\mathbf{F}_\rho X)(f)=X(f-\rho) \quad (5.47)$$

更加特殊的一种情况是,在时频平面不旋转而只是沿任意方位径向移动,这相当于分别进行移动量为 $\rho\cos\phi$ 和 $\rho\sin\phi$ 的时移和频移,如图 5.4(d)所示,这时旋转-径向移动算子变为:

$$(T_{\rho\cos\phi}F_{\rho\sin\phi}x)(t)=x(t-\rho\cos\phi)\mathrm{e}^{-\mathrm{j}\pi\rho^2\sin\phi\cos\phi+\mathrm{j}2\pi t\rho\sin\phi} \quad (5.48)$$

该算子也被称为分数阶移位算子[106].所以,旋转、径向移位算子是时移、频移算子、分数阶移位算子的广义形式,除了旋转角度分别为 $\phi=0$ 和 $\phi=\frac{\pi}{2}$ 时,产生时移和频移效果外,还可以产生任意方位的移动,但又不同于分数阶移位,它在时频平面任意方位径向移动的同时还具有旋转效果.

5.5 比例、旋转、径向移位表示的三参数 Chirp 原子

5.5.1 比例、旋转、径向移位算子对 WVD 的影响

从表 5.1 可知,比例算子对 WVD 的影响是协变的,即:

$$WVDg_a(t,f)=WVDg\left(\frac{t}{a},af\right) \quad (5.49)$$

而信号 WVD 与其分数阶傅立叶变换的 WVD 彼此互为旋转关

系,即:

$$WVDg_{a,\phi}(t, f) = WVDg_{a}\left[\frac{t\cos\phi - f\sin\phi}{a}, a(t\sin\phi + f\cos\phi)\right] \tag{5.50}$$

令旋转后的信号沿径向移动一段距离 ρ,相当于分别沿水平和垂直方向移动 $\rho\cos\phi$ 和 $\rho\sin\phi$,根据 WVD 的时移不变性和频移不变性,则:

$$\begin{aligned} WVDg_{a,\phi,\rho}(t, f) &= WVDg_{a,\phi,\rho\cos\phi,\rho\sin\phi}(t, f) \\ &= WVDg_{a,\phi}(t-\rho\cos\phi, f-\rho\sin\phi) \end{aligned} \tag{5.51}$$

将(5.50)代入(5.51),得到比例、旋转、径向移位算子作用于信号后,其 WVD 与原始信号的 WVD 的关系是:

$$WVDg_{a,\phi,\rho}(t, f) = WVDg\left\{\begin{array}{l}\dfrac{(t-\rho\cos\phi)\cos\phi - (f-\rho\sin\phi)\sin\phi}{a}, \\ a[(t-\rho\cos\phi)\sin\phi + (f-\rho\sin\phi)\cos\phi]\end{array}\right\} \tag{5.52}$$

展开并合并同类项,进一步可简化为:

$$\begin{aligned} WVDg_{a,\phi,\rho}(t, f) &= WVDg\left[\frac{t\cos\phi - f\sin\phi - \rho(\cos^2\phi - \sin^2\phi)}{a},\right. \\ &\qquad \left. a(t\sin\phi + f\cos\phi - 2\rho\sin\phi\cos\phi)\right] \\ &= WVDg\left[\frac{t\cos\phi - f\sin\phi - \rho\cos 2\phi}{a},\right. \\ &\qquad \left. a(t\sin\phi + f\cos\phi - \rho\sin 2\phi)\right] \end{aligned} \tag{5.53}$$

当旋转径向移位算子分别退化为时移、频移、时-频移时,式(5.53)分别退化为:

$$WVDg_{a,0,\rho}(t, f) = WVDg\left[\frac{(t-\rho)}{a}, af\right] \tag{5.54}$$

$$WVDg_{a,\frac{\pi}{2},\rho}(t,\ f)=WVDg\left[\frac{(-f-\rho)}{a},\ avt\right] \tag{5.55}$$

$$WVDg_{a,\phi,\rho}(t,\ f)=WVDg\left[\frac{(t-\rho\cos\phi)}{a},\ a(f-\rho\sin\phi)\right] \tag{5.56}$$

5.5.2 用比例、旋转、径向移位表示的三参数 Chirp 原子

鉴于时频不确定原理的制约，Gabor 排除了在时频平面冲激函数的存在，并指出高斯信号可达到时频不确定原理的下界，即高斯函数具有最好的时频聚集性，在时频分析中常作为分析和综合的窗函数.

一个具有单位能量的高斯函数可表示为：

$$g(t)=(\pi\alpha^2)^{-\frac{1}{4}}\mathrm{e}^{-\frac{t^2}{2\alpha^2}} \tag{5.57}$$

高斯函数的傅立叶变换为：

$$G(\omega)=(4\pi\alpha^2)^{\frac{1}{4}}\mathrm{e}^{-\frac{\alpha^2}{2}\omega^2} \tag{5.58}$$

即高斯函数的傅立叶变换也是高斯函数，高斯函数的时间宽度和频带宽度分别为：

$$\Delta t^2=\frac{1}{E}\int_{-\infty}^{\infty}t^2\,|\,g(t)\,|^2\,\mathrm{d}t$$

$$=(\pi\alpha^2)^{-\frac{1}{2}}\int_{-\infty}^{\infty}t^2\mathrm{e}^{-\frac{t^2}{\alpha^2}}\mathrm{d}t=\frac{\alpha^2}{2} \tag{5.59}$$

$$\Delta\omega^2=\frac{1}{2\pi E}\int_{-\infty}^{\infty}\omega^2\,|\,G(\omega)\,|^2\,\mathrm{d}\omega$$

$$=\frac{1}{2\pi}(4\pi\alpha^2)^{\frac{1}{2}}\int_{-\infty}^{\infty}\omega^2\mathrm{e}^{-\alpha^2\omega^2}\,\mathrm{d}\omega=\frac{1}{2\alpha^2} \tag{5.60}$$

E 代表信号的能量，高斯函数中的参数 α 控制时间宽度和频带宽度，α 越大，时间宽度越大，频带宽度越小；反之，α 越小，时间宽度越小，频带宽度越大.

高斯函数的WVD可以表示为：

$$
\begin{aligned}
WVD_g(t,\ \omega) &= (\pi\alpha^2)^{-\frac{1}{2}}\int_{-\infty}^{\infty} e^{-\frac{1}{2\alpha^2}\left(t+\frac{\tau}{2}\right)^2} e^{-\frac{1}{2\alpha^2}\left(t+\frac{\tau}{2}\right)^2} e^{-j\omega\tau}\, d\tau \\
&= (\pi\alpha^2)^{-\frac{1}{2}} e^{-\frac{t^2}{\alpha^2}} \int_{-\infty}^{\infty} e^{-\frac{\tau^2}{4\alpha^2}} e^{-j\omega\tau}\, d\tau \\
&= 2e^{-\left(\frac{t^2}{\alpha^2}+\alpha^2\omega^2\right)} \qquad (5.61)
\end{aligned}
$$

高斯小波是一小段被高斯函数抽取的谐波，则高斯线调频小波，即Chirplet是用高斯函数对线性调频信号抽取的线性调频小波. 高斯小波、高斯线性调频小波如图5.5所示.

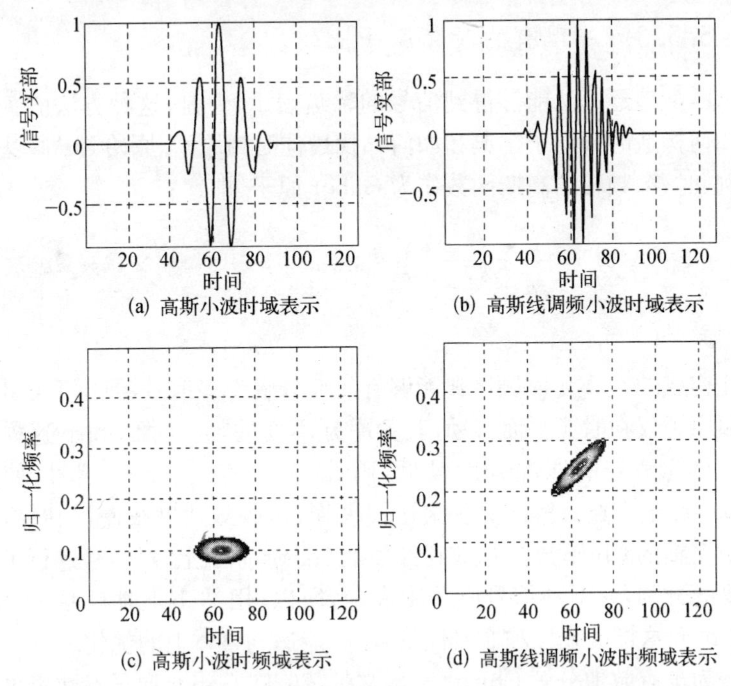

图5.5　高斯小波、高斯线性调频小波的时域、时频域表示

即高斯函数具有最小的时宽与带宽之积，对非平稳信号的局部分析都以高斯函数作为基本函数. 将旋转-径向移位算子应用于比例后的高斯函数,就可以得到用比例、旋转、径向移位三个参数表示的 Chirp 原子:

$$\{g_{\alpha,\phi,\rho}(t)=\left(\frac{\alpha}{\pi}\right)^{\frac{1}{4}}\exp\left\{-\frac{\alpha}{2}(t-\rho\cos\phi)^2+\mathrm{j}(\rho\sin\phi(t-\rho\cos\phi)+\frac{\cot\phi}{2}(t-\rho\cos\phi)^2),\alpha\in\mathcal{R}^+,\phi\in[-\pi,+\pi],\rho\in\mathcal{R}\right\}\tag{5.62}$$

这里,α 代表比例参数,ϕ 表示旋转参数,ρ 代表径向移位参数.

5.5.3 与现有的时频原子比较

匹配追逐算法能够得到信号的稀疏表示,但是,这种方法的关键是如何构造时频原子字典和如何寻找最佳时频原子. 原始 MP 算法用比例、时移、频移的高斯函数作为 Gabor 原子,即:

$$\left\{g_{a,u,\xi}(t)=\frac{1}{\sqrt{a}}\,g\left(\frac{t-u}{a}\right)\mathrm{e}^{\mathrm{j}\xi t},\ (a,u,\xi)\in\mathcal{R}^+\times\mathcal{R}\times\mathcal{R}\right\}\tag{5.63}$$

由此构成的 Gabor 时频字典能够有效地分解许多信号,但由于 Gabor 时频原子仅在时频平面移动,其频率是不变的,它与像 Chirp 这样频率变化的信号的匹配程度较低,因此,为了表示 Chirp 信号,使用 Gabor 原子字典分解需要多次迭代来逼近,收敛速度很慢,同时将使一个完整的 Chirp 成分弥散到许多个 Gabor 原子上,对信号进行了不必要的分割,得不到信号的紧凑表示,所以,用 Gabor 时频原子分解像 Chirp 这样的线性和非线性信号,不能达到整体上的优化.

为了有效地分解 Chirp 信号,文献[59]在 Gabor 原子参数集里增加了线性调频参数,提出了四个参数表示的高斯基函数,也就是 Chirp 时频原子为:

$$\left\{g_{\sigma_k, t_k, \omega_k, \beta_k}(t) = (\pi\sigma_k^2)^{-0.25}\exp\left\{-\frac{(t-t_k)^2}{2\sigma_k} + \mathrm{j}[\omega_k + \beta_k(t-t_k)](t-t_k)\right.\right.$$

$$\left.(\sigma_k, t_k, \omega_k, \beta_k) \in \mathscr{R}^+ \times \mathscr{R} \times \mathscr{R} \times \mathscr{R}\right\} \tag{5.64}$$

与此同时，A. Bultan 在 Gabor 原子参数集里增加了旋转参数，提出用比例、旋转、时移、频移表示的四个参数的 Chirp 原子为[58]：

$$\left\{g_{s,\alpha,u,v}(t) = \frac{1}{\pi^{1/4}\sqrt{\sigma(s,\alpha)}}\exp\left\{-\left(\frac{1}{\sigma^2(s,\alpha)} - \mathrm{j}\xi(s,\alpha)\right)\frac{(t-u)^2}{2}\mathrm{e}^{\mathrm{j}vt}\right.\right.$$

$$\left.(s,\alpha,u,v) \in \left(\mathscr{R}^+ \times \left(-\frac{\pi}{2}, \frac{\pi}{2}\right) \times \mathscr{R} \times \mathscr{R}\right)\right\} \tag{5.65}$$

式中：

$$\sigma(s,\alpha) = \frac{\sqrt{\sin^2\alpha + s^4\cos^2\alpha}}{s}$$

$$\xi(s,\alpha) = \frac{(s^4-1)\cos\alpha\sin\alpha}{\sin^2\alpha + s^4\cos^2\alpha} \tag{5.66}$$

与 Gabor 时频原子相比，具有变频成分的 Chirp 原子能很好地匹配信号中的线性变频成分，并逼近非线性变频成分. 而三个参数表示的 Chirp 原子，如图 5.6(a) 所示，它通过用旋转代替时间切变和频率切变，并令旋转后的基函数不直接进行时移和频移，而是沿着旋转的方向径向移动，利用旋转角度和径向移动的距离，可以得到时移和频移这两个参数，这样，用比例、旋转、径向移位三个参数可以达到用比例、时移、频移、时间切变、频率切变五个参数表示的效果. 四参数 Chirp 原子是将高斯函数比例、旋转、时移、频移得到的，如图5.6(c) 所示. 当不旋转仅是沿任意方向径向移位时，三参数 Chirp 原子就退化为用比例、时移、频移表示的 Gabor 原子，如图 5.6(b) 所示.

此外，对于具有高度非线性时频成分的非平稳信号，如立方型 Chirp 和双曲型 Chirp 信号，文献[119]借用小波的概念提出了用五个

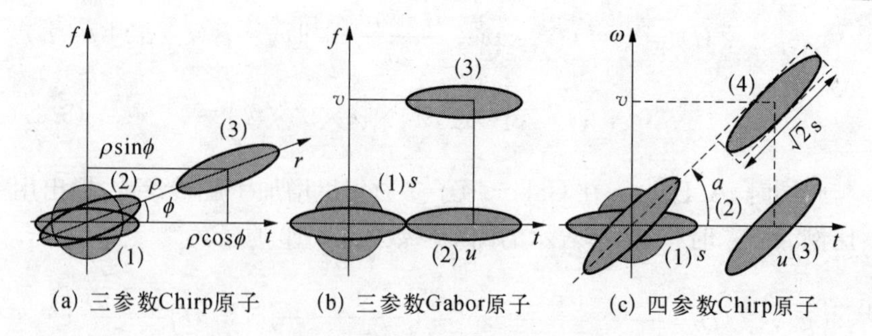

(a) 三参数Chirp原子　(b) 三参数Gabor原子　(c) 四参数Chirp原子

图 5.6　几种时频原子的比较

参数表示的 FM^m let,即：

$$g_{t_c,\, f_c,\, \log\sigma,\, r,\, m}(t)=\frac{1}{\sqrt{\sigma}}g\left(\frac{t-t_c}{\sigma}\right)\exp\left\{\mathrm{j}2\pi\left[1+r\left(\frac{t-t_c}{\sigma}\right)^m\right]f_c\left(\frac{t-t_c}{\sigma}\right)\right\} \tag{5.67}$$

文献[53]提出了更加具有一般性的时频原子,先定义基本分析函数为：

$$g(t;\ \xi,\ \lambda)=\sqrt{|v(t)|}\,\mathrm{e}^{\mathrm{j}2\pi\lambda\xi(t/t_r)} \tag{5.68}$$

其中$\xi(.)$是单调的相位函数,λ 为 FM 的调频斜率,t_r 为时间参考点,对这样的基函数实施比例、时移、FM 调频斜率移动,得到非线性调频 Chirp 时频原子为：

$$\begin{aligned}g'(t;\ \xi,\ [a,\ \tau,\ c])&=\sqrt{|a|}\,g(a(t-\tau);\ \xi,\ \lambda)\,\mathrm{e}^{\mathrm{j}2\pi c\xi\left(a\frac{t-\tau}{t_r}\right)}\\&=\sqrt{|av(a(t-\tau))|}\,\mathrm{e}^{\mathrm{j}2\pi(c+\lambda)\xi\left(a\frac{t-\tau}{t_r}\right)}\end{aligned} \tag{5.69}$$

显然,时频原子的参数越多,它能够匹配的信号也越多,但是,搜索最佳时频原子也就越困难. 根据分析信号的特征,量身定制简化的时频原子以符合待分析信号特征是对 MP 算法的另一个改进途径[53, 54, 55, 56, 57]. 对于分解多分量 Chirp 信号,Chirp 时频原子是最合适的. 通过将旋转-径向移位算子作用于比例后的高斯函数,将五个参数或四个参数表示的 Chirp 原子用三个参数表示,同时它也包容了 Gabor 原子作为其特例.

5.6 预估计的匹配追逐(PEMP)算法原理

5.6.1 基于分数阶傅立叶变换的三参数最佳 Chirp 原子的搜索方法

如果一个信号属于 $L^2(\mathrm{R})$ 空间,则它可以用任何一个在 $L^2(\mathrm{R})$ 空间完备的信号集来表示,而一个基信号集合是极度冗余的,这使得有多种方法构造信号子空间,其中以基信号集合中含有尽可能少的基信号(原子)为最简单,要达到此目的,必须保证用原子分解信号时的完整性,也就是最佳原子应该与被分析的信号有关,所以最佳原子的参数应取决于信号的时频局部特性. 如果对待分析的信号有一个先验知识,即明确知道组成信号的各个基本成分的特点,则通过构造与信号的局部时频结构相似的原子可缩小字典的尺寸,即仅在"最可能"的时频原子组成的子字典里搜索最佳原子,代替遍历整个字典的耗尽式搜索.

对于多分量 Chirp 信号,最佳 Chirp 时频原子的参数应该与各个 Chirp 分量的参数密切相关,为此,首先,利用多分量线性 Chirp 信号的分数阶傅立叶变换在各自的调频斜率处呈现冲激函数这一特征,我们先估计最佳 Chirp 原子的线性调频斜率,即它在时频平面最可能的旋转方位. 对被分析的多分量 Chirp 信号进行连续角度的分数阶傅立叶变换,在适当的阈值下搜索局部极大值,如果局部极大值存在,表明在该角度应该存在一个 Chirp 原子,最佳 Chirp 原子的旋转参数应该与该 Chirp 分量的调频斜率一致,将对应的分数阶傅立叶的角度转换为调频斜率,就可以得到最佳 Chirp 原子的旋转参数. 然后,因为高斯函数形状由比例参数控制,即比例参数越大,高斯函数在时频平面就越细越长,高斯函数也就越逼近 Chirp 函数,所以,在最佳 Chirp 原子的旋转参数,即在时频平面的旋转方位确定后,取一个固定的较大数值的比例参数,使Chirp原子只沿着最佳旋转方位径向移动,来调整其时频中心使其与被分析信号达到最大程度地相关,这样,通过先估计最佳时频原子的旋转方位,并固定在一个较大的比例参数下,三参数最佳Chirp原子的搜索就变成了径向移位一个参数的搜索,将原始MP中最佳原子参数的多维搜索逐步分解,变成一维参数的搜索,来解决多维搜索的困难,在最佳的径向移位参数确定后,利用旋转参数和径向移位参数就可以间接地得到时移和频移这两个参数.最后,在最佳旋转角度和径向移位参数不变的情况下,局部地调整最佳Chirp原子的时频宽度,即进一步优化比例参数,来得到最佳三参数Chirp原子.

由于分数阶傅立叶变换是线性变换,满足角度的连续可加性,对于多分量Chirp信号,通过对其进行连续角度的分数阶傅立叶变换,并搜索局部极大值,可逐一确定各个Chirp原子的最佳旋转参数,并利用上述过程,得到三参数Chirp原子的最佳参数.

利用第三章提出的时频重排Hough变换方法和Chirp-傅立叶变换的方法,对多分量Chirp信号的进行检测与参数估计,也可以较为准确地估计出Chirp时频原子的个数和每个Chirp原子的初始频率和调频斜率,调频斜率对应旋转角度,利用初始频率和尺度参数可表示径向移位参数,这样将尺度作为唯一的参数,利用匹配追踪算法来寻找最佳三参数Chirp原子.

对于多分量Chirp信号,原始的MP使用Gabor时频原子,在搜索最佳原子时采用局部优化的贪婪算法,它将Chirp信号进行子分解到一些Gabor时频原子上,固有的结构信息被冲淡.而基于PEMP的分解方法,预先估计最佳Chirp原子在时频平面上的方位,即先从整体上把握了存在于待分析信号中的最大的时频结构,不会造成对一个Chirp成分的分割.用预先估计的Chirp原子的参数代替搜索该参数,减轻了搜索最佳原子的计算量.

5.6.2 PEMP数值计算步骤

步骤1 预估计最佳三参数Chirp原子的旋转参数

以适当的步长对信号作连续的分数阶傅立叶变换，在适当的阈值(可由大到小实验得到)下搜索局部最大值，若最大值存在，将对应的分数阶傅立叶变换的阶数转换成相对应的角度并送入最佳 Chirp 原子的旋转参数集中，直至分数阶傅立叶变换的角度的变化范围为 $[-\pi, \pi]$，得到最佳旋转参数集合为 $\{\phi_i,\ i=1,\ 2,\ \cdots M\}$.

步骤 2　搜索最佳三参数 Chirp 原子的径向移位参数

对于由步骤 1 得到的每一个 ϕ_i，先选择一个较大的固定的比例值 α，以便得到较细的 Chirp 原子，搜索最佳径向移位参数. 在搜索过程中，采用模拟变焦距过程，径向移动参数 ρ 的步长可从大到小改变，使原子与信号的相关函数最大，直到 $g_\rho(t)=\arg\max\limits_{r\in\Gamma}|<R^n x(t),\ g_\rho(t)>|$ 不再增大为止，从而确定了最佳径向移位参数，也就确定了最佳 Chirp 原子的时频中心，同时得到最佳时移和频移参数.

步骤 3　局部优化最佳三参数 Chirp 原子的比例参数

对由步骤 1、2 确定的每一组旋转参数和径向位移参数，局部地改变比例参数 α 的值，类似于小波变换，比例参数可以采用 $a'=2^{-k}a$，$k=1,\ 2,\ \cdots$，进行局部优化.

步骤 4　将搜索得到的最佳三参数 Gabor 原子代入公式 $x(t)=\sum\limits_{n=0}^{M}<R^n x(t),\ g_{a,\phi,\rho}(t)>g_{a,\phi,\rho}(t)$，重构原信号，并计算重构信噪比 $SNR=10\log\left\{\dfrac{\|x(t)\|^2}{\|Rx(t)\|^2}\right\}$，如果不满足信噪比的要求，则回到步骤 1，使分数阶傅立叶变换的阶数的步长减小一半并搜索局部极大值，对新增加的旋转参数，重复步骤 2～4，直到满足重构信噪比的要求，则分解过程结束.

5.7　三参数 Chirp 原子分解的时频分布与参数估计

5.7.1　基于三参数 Chirp 原子分解的时频分布

经过以上分解，我们将多分量 Chirp 信号分解为三参数 Chirp 原

子之和，

$$x(t)=\sum_{n=0}^{\infty}<R^{n}x, g_{\gamma_n}>g_{\gamma_n} \tag{5.70}$$

这里 $\gamma\in(\alpha, \phi, \rho)$，由于 $\|g_{r_n}(t)\|^2=1$，即 Chirp 原子仍然是具有单位能量的函数，所以对(5.70)两端取 WVD，可以得到：

$$WVD_x(t, f)=\sum_{n=0}^{+\infty}|<R^{n}x, g_{\gamma_n}>|^2 WVD_{g_{\gamma_n}}(t, f)+$$
$$\sum_{n=0}^{+\infty}\sum_{m=0, m\neq n}^{+\infty}<R^{n}x, g_{\gamma_n}>\overline{<R^{m}x, g_{\gamma_m}>}WVD_{g_n g_m}(t, f) \tag{5.71}$$

第一项为信号项，作为 Chirp 原子的时频分布，它总是正的；第二项为交叉项，基于三参数 Chirp 原子分解使分量的完整性得到保证，交叉项的引入只会影响时频谱的真实性，且由于在每一步分解过程中都使剩余能量最小，从减少交叉项干扰的角度，包含在交叉项中的能量可以忽略不计，只保留第一个求和项，得到不含交叉项的信号的时频分布：

$$WVD_x(t, f)=\sum_{n=0}^{+\infty}|<R^{n}x, g_{\gamma_n}>|^2 WVD_{g_{\gamma_n}}(t, f) \tag{5.72}$$

式(5.72)从能量的角度描述了信号的构成. 采用递归算法按照式(5.70)分解信号，直至剩余能量小于某一个给定的值. 由此方法构成原信号 $x(t)$，计算每一个基函数的 WVD 并叠加，可以得到不含任何交叉项干扰的时频分布.

基于三参数 Chirp 原子分解的时频分布有以下几个特点：

1. 满足作为能量分布的恒正特性

由于高斯基函数的 WVD 是恒正的，且旋转、径向移位和比例算子作用于高斯函数后，不影响其 WVD 的非负性，所以，由三参数 Chirp 原子的 WVD 的叠加构成的时频分布也总是恒正的.

2. 具有较好的时频聚集性和可分辨性

因为基函数采用的是高斯包络的线性调频基函数，它本身在时频平面具有最好的时频聚集性，且使用预估计匹配追踪搜索策略，避免了对信号的过于分割所造成的不必要的截断，每次分解都提供了存在于残留信号中的最大的时频结构，保证了信号构成分量的完整性和分量间的可分离性.

3. 不存在窗效应

与 STFT、Gabor 扩展以及小波变换存在的窗效应相比，基于三参数 Chirp 原子分解的时频分布，通过调节比例参数，使基函数跟踪信号的变化，即基函数的带宽自动调整到与信号最佳匹配，从而避免了采用固定窗长所带来的窗效应.

4. 没有交叉项干扰

采用投影匹配算法，以投影能量最大为原则搜索最佳基函数，并按照此基函数分解信号，虽然各个基函数间不一定正交，但是因为分解中采用的是正交投影，确保了所得序列的能量类似正交基分解那样简单叠加，由于基于三参数 Chirp 原子分解的时频分布是通过将 Chirp 原子 WVD 的线性叠加得到，不存在交叉项干扰，可以得到较清晰的时频分布图.

5. 能有效地抑制噪声

原子分解过程是一个能量提取过程，也是信号子空间的分离过程，由于三参数 Chirp 原子对多分量 Chirp 信号的自适应本性，信号通常被集中在一个很小的子空间内. 可使用子空间来近似表示信号，而随机噪声一般倾向于在整个空间均匀分布，则子空间表示实质上可以改善信噪比. 尽管在许多变换中，这种子空间噪声减小原理均可适用，但在基于三参数 Chirp 原子分解的时频分布，由于信号的能量高度集中，使子空间噪声减小变得更为有效.

5.7.2 基于三参数 Chirp 原子分解的参数估计

基于三参数 Chirp 原子分解的时频分布是恒正的，对于多分量

Chirp信号不存在交叉项,因而可以得到清晰的时频分布图,有助于正确理解信号的时频结构.不仅如此,由于采用预估计的搜索策略,且在每一步分解过程中,都存储了最佳参数,整个信号分解完毕,可同时得到每个Chirp原子的参数,这些参数可进一步用于信号的合成、分离、数据压缩等用途.

5.8 仿真实验与结果分析

实验1:由三个Chirp分量构成的信号,每个Chirp分量的参数由表5.2给出,考虑无噪声影响的情况,数据长度取128点.

表5.2 三分量Chirp信号的三参数原子分解的真实值和估计值

参数／序号	比例		旋转角度		时移中心		频移中心	
	真实值	估计值	真实值	估计值	真实值	估计值	真实值	估计值
1	10	9.973 8	π/128	1.002π/128	54	53.994 6	0	0
2	25	21.770 3	2.4π/128	2.401π/128	84	80.915 9	0.02	0.019 8
3	15	15.082 9	6π/128	6.004 6π/128	74	73.999 1	0	0.001 3

该信号的WVD、谱图、基于三参数Chirp原子分解的时频分布,分别如图5.7(a)(b)(c)所示,由图可见,该信号的WVD,尽管时频聚集性较高,但交叉项比较严重,而谱图中的交叉项有所抑制,但在信号相重叠的区域,仍有交叉项存在,且谱图的时频聚集程度较低,基于三参数Chirp原子分解的时频分布,与WVD相比不含交叉项干扰;与谱图相比,具有较高的时频分辨性;与原始的MP相比,避免了对信号的过于分割,保证了信号的完整性,因而也能提供信号

的局部特征信息. 表 5.2 给出了仿真实验用的信号的真实值和估计值.

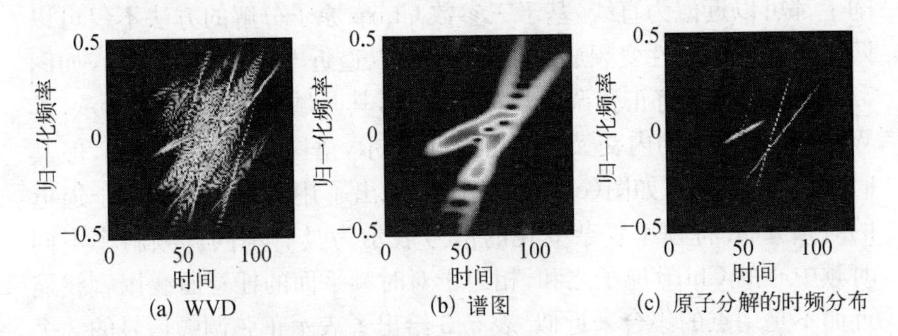

图 5.7　三分量 Chirp 信号的三参数 Chirp 原子分解的时频表示

实验 2: 由两个 Chirp 分量组成的信号,其时间中心、频率中心、调频斜率和尺度参数分别为(54, 0, π/128, 10)(84, 0.2, 2.4π/128, 20),在加性高斯白噪声干扰下,噪声的方差为 0.08.

图 5.8 是该信号的 WVD、谱图和基于三参数 Chirp 原子分解的时频分布,在有噪声的情况下,在 WVD 中信号几乎淹没在噪声和交叉项中,直接在时频平面很难分辨出有几个 Chirp 分量,从该信号的谱图中虽然可以辨别出有两个信号分量,但其时频聚集性较低,而基于三参数 Chirp 原子分解的时频分布仍然能够得到清时频分布图. 只是随着方差的增大,估计参数精度有所下降.

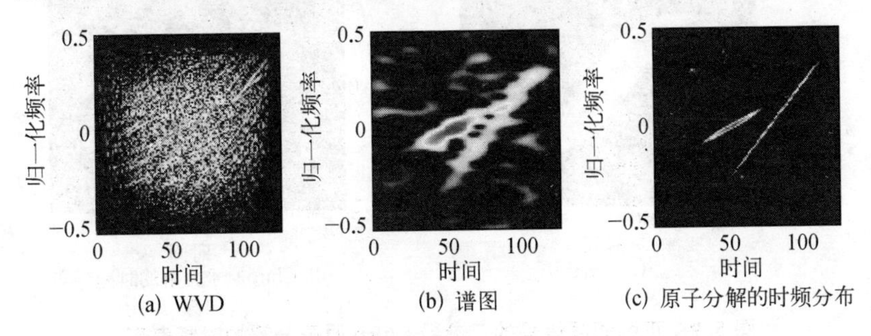

图 5.8　受噪声影响的两分量 Chirp 信号的三种时频分布

实验3：对正弦调频信号的三参数Chirp原子的近似表示Chirp信号在时频平面呈直线，而任何一个频率变化复杂的信号在一段时间上都可以近似为直线，基于三参数Chirp原子分解的方法不仅可以匹配信号中的线性变频成分，同时还可以逼近非线性变频成分，如图5.9所示的是具有正弦调频规律的信号，其时域波形如图(a)所示，其WVD存在严重的内交叉项，如图(b)所示，谱图虽没有交叉项，但其时频分辨率较低，如图(c)所示，图(d)给出了用3个Chirp原子逼近的时频分布. 将频率复杂变化的信号表示为具有不同调频斜率不同时频中心的Chirp原子之和，相当于对时频平面的任意曲线用直线逼近而不是用点的集合来近似. 表5.3给出了表示正弦调频信号的3个Chirp原子的参数.

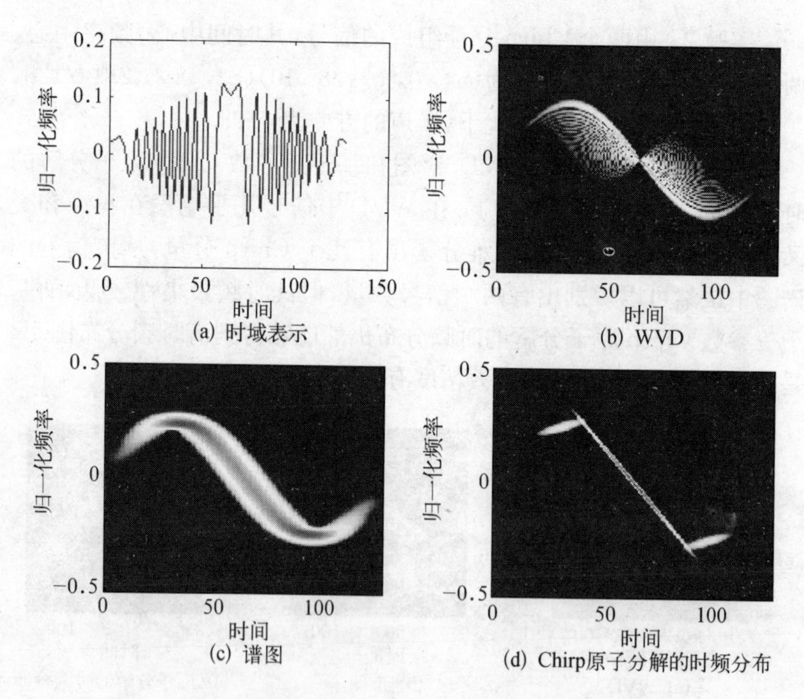

图5.9　正弦调频信号的三参数Chirp原子分解的时频表示

表 5.3　用 Chirp 原子表示的正弦调频信号的原子参数

参数 序号	时间中心	频率中心	调频斜率	持续宽度	分解系数
1	64.983 2	0.001 2	−0.070 8	12.214 7	0.637 5
2	98.399 6	4.747 4	0.017 9	5.441 4	0.150 1
3	31.594 8	1.535 9	0.018 0	5.440 4	0.151 5

实验 4: 对多种时频成分组成的信号的三参数 Chirp 原子分解,信号由一个归一化频率为 0.2 的正弦信号、时间为 100 点处的冲激信号、一个 Gabor 原子、两个 Chirp 信号组成的合成信号.

尽管三参数 Chirp 原子分解是针对多分量 Chirp 信号提出的,利用线性 Chirp 信号在适当的分数阶傅立叶变换域呈现冲激函数特征的搜索机制,可以推广到对其他基本时频分量的分析,因为分数阶傅立叶变换的基函数包含了冲激函数、复指数函数和线性调频函数,当分数阶傅立叶变换的阶数从 0 变化到 2 时,这三种信号依次呈现脉冲函数特征,而高斯信号在任何时候总是高斯信号,这样该方法可以分析多种基本信号成分,即三参数 Chirp 原子的集合包含了冲激函数集、正弦函数集、高斯函数集和线性调频函数的集,即 Chirp 字典对于分解信号是完备的. 图 5. 10 给出了该信号的 WVD、长窗的谱图和短窗的谱图、基于三参数 Chirp 原子分解的时频分布,该信号的 WVD 给出了这五个分量的时频表示,但同时也存在大量的交叉项,如图(a)所示;取短的分析窗的谱图对冲激成分表示效果好,但丢失了对正弦成分的分辨能力,对其他成分的信号也作了不适当的分割,如图(b)所示;长窗的谱图能表达信号中的多种基本成分,但不能描述冲激信号,且时频聚集性较差,如图(c)所示;基于三参数 Chirp 原子分解的时频分布,能够分辨信号中的各个基本成分,不含交叉项,具有很高的时频聚集性,如图(d)所示.

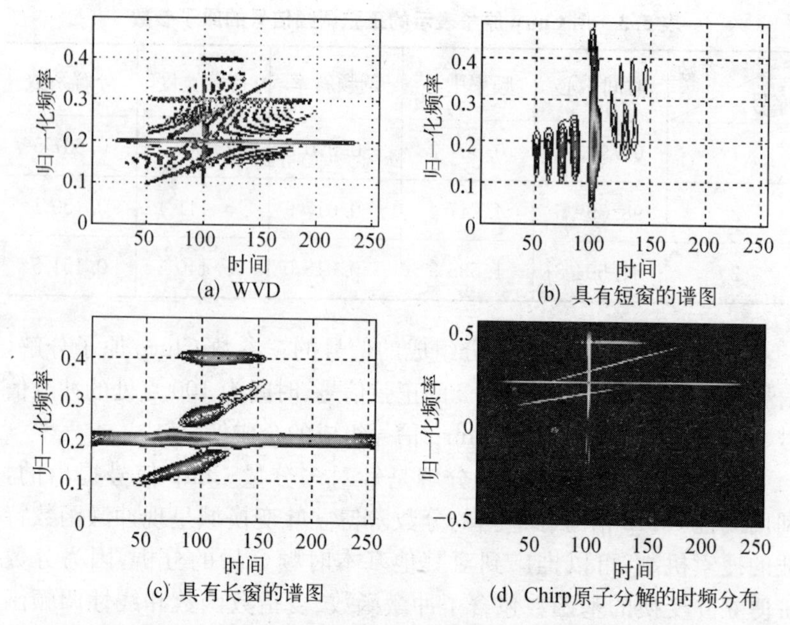

(a) WVD　(b) 具有短窗的谱图　(c) 具有长窗的谱图　(d) Chirp原子分解的时频分布

图 5.10　多种成分组成信号的几种时频分布的比较

5.9　对声音信号和地震数据的分解

5.9.1　对声音 Gabor 的 Chirp 原子分解的时频分布与参数估计

图 5.11 给出了英语单词"Gabor"发音的时域波形和其频谱图. 该信号常作为非平稳信号时频分析的实验信号. 采样频率 8 kHz, 长度为 337 ms, 数据来自 Time-Frequency Toolbox. Version 1.0\gabor.mat 文件, 由法国的 CNRS 和美国的 RICE 大学提供.

由时域波形可看到该信号由两个音节组成和每个音节的持续时间, 从频谱图上只能知道信号由三个主要谱峰群构成, 每个谱峰群的频率范围和强度, 但无法知道这些谱峰群对应哪个音节. 所以, 对于语音这样的非平稳信号, 必须使用时频分析工具, 以获得每个音节的

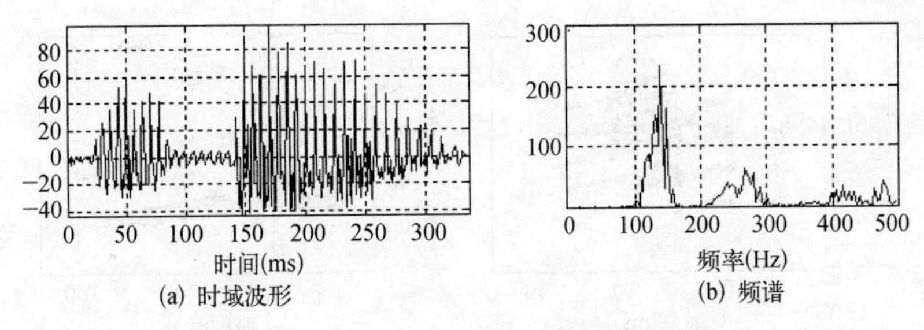

(a) 时域波形　(b) 频谱

图 5.11　声音"Gabor"的时域波形和频谱图

局部时频特性.

声音 Gabor 信号由两个持续间隔、三个谱峰群构成，是一个典型的多分量信号，它本身又是实信号，其 WVD 中的交叉项是非常严重的，图 5.12(a)给出了该信号的解析信号的 WVD，即便如此，还是存在大量的交叉项. Gabor 信号的解析信号的谱图如图 5.12(b)所示，谱图中无交叉项，给出了每个音节的时频结构，但其时频聚集性无法令人满意. 图 5.12(c)是基于三参数 Chirp 原子分解的时频分布，该时频分布不含交叉项，有很高的时频聚集性，它清晰地揭示了该单词的两个音节的时频结构，包括语音中频谱的走向、谐波组成、重音位置等. 对于该信号本身的 Chirp 原子分解的时频分布如图 5.12(d) 所示. 分解得到的原子参数如表 5.4 所示.

表 5.4　用 Chirp 原子分解声音"Gabor"的参数

参数 序号	时间中心	频率中心	调频斜率	持续宽度	分解系数
1	201.43	0.81	−0.0	35.33	1.29
2	202.12	1.61	−0.01	35.51	0.82
3	56.62	0.92	−0.0	7.66	0.44
4	177.59	2.55	−0.01	18.74	0.28
5	204.49	2.98	0.0	12.64	0.19

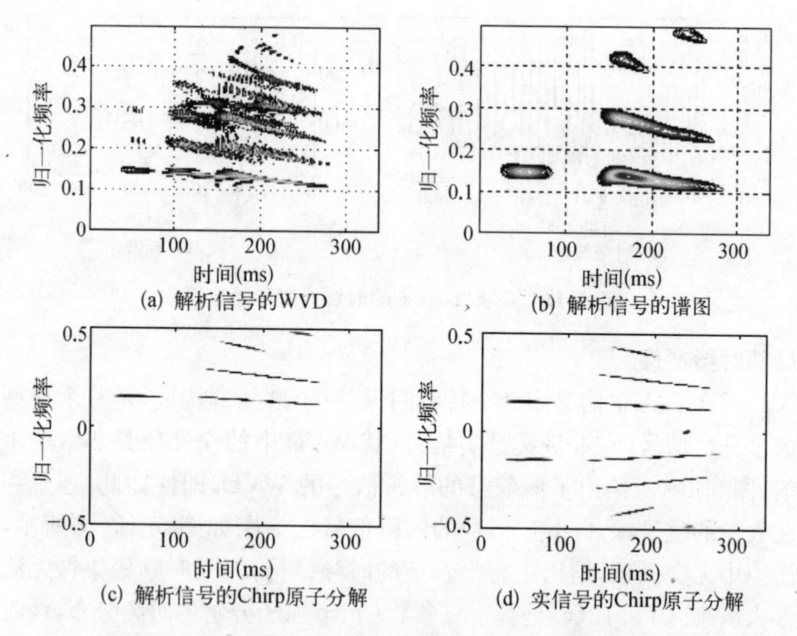

图 5.12 声音"Gabor"的 WVD、谱图和原子分解的时频分布

5.9.2 对地震信号 Seismic 数据的 Chirp 原子分解

这个地震数据作为研究地震信号领域的测试数据，它是 PROMAX 地震处理系统的免费部分. 本文取自 WaveLab Version 802 的 Datasets\seismic. asc 文件，数据长度为 1 024，该信号的时域波形和频谱分别如图 5.13(a)(b)所示. 由时域波形可以看出，地震信号除强度随时间变化外，其频率也随时间变化，其频谱有两个主导频率峰外，还有一些微弱的频率成分，但并没有说明两个主导频率何时发生.

地震信号呈现明显的非平稳特性，应采用时频分析的方法，图 5.14给出了地震数据的 WVD 和 SPWVD 表示，由于地震信号除了具非平稳性外，还具有微弱性和多分量性特征，数据本身又是实数，这

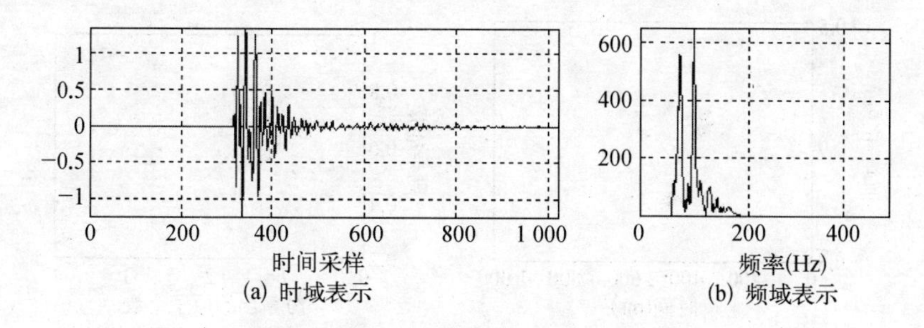

(a) 时域表示　(b) 频域表示

图 5.13　Seismic 数据的时域波形和频谱

些原因都造成了其 WVD 的交叉项较严重，从时频分布图只能够了解到信号发生的时间和该信号的频谱范围. SPWVD 能够分辨出信号中的 4 个主要分量，但较低的时频聚集性造成了分量间的混叠，且无法刻画各个分量的频率变化过程.

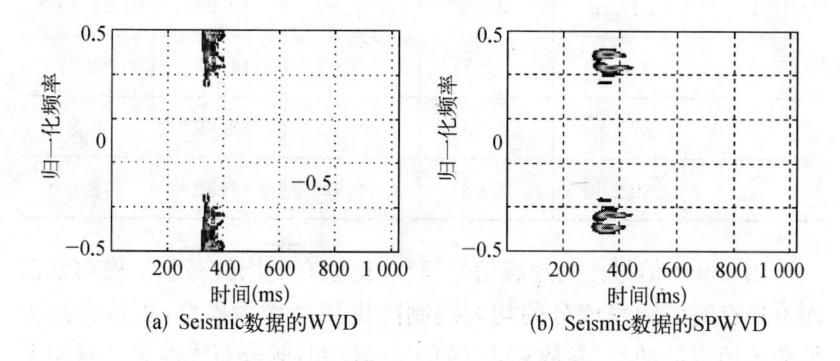

(a) Seismic数据的WVD　(b) Seismic数据的SPWVD

图 5.14　Seismic 数据的 WVD 和 SPWVD

使用基于三参数 Chirp 原子分解的方法，得到该信号的时频分布如图 5.15(a)所示，从图中可以看出，该时频分布无交叉项干扰，时频聚集性强，反映了地震信号的时频局部特征. 该信号的 4 个主导分量发生的时间、中心频率、频率的变化率、持续时间以及分解系数如表 5.5 所示.

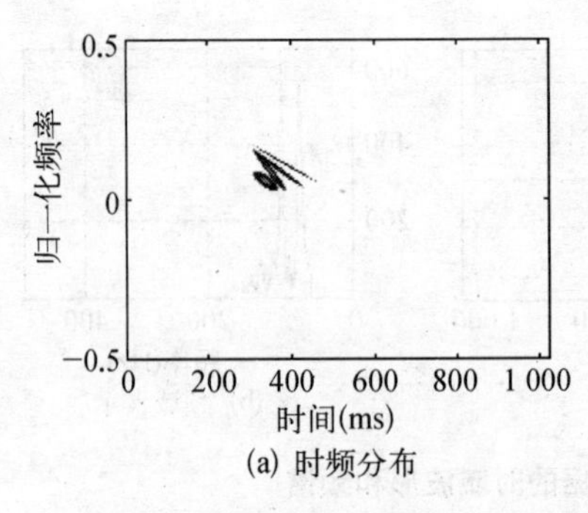

(a) 时频分布

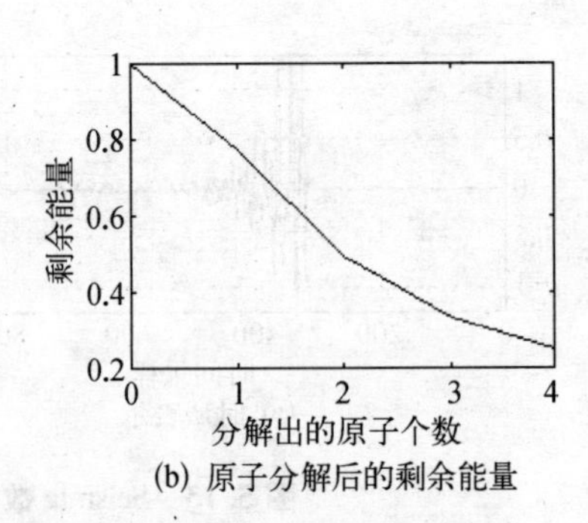

(b) 原子分解后的剩余能量

图 5.15 Seismic 数据的 Chirp 原子分解及原子与剩余能量的关系

表 5.5 用 Chirp 原子分解地震信号"seismic"的参数(解析信号)

序号 \ 参数	时间中心	频率中心	调频斜率	持续宽度	分解系数
1	341.59	0.36	−0.00	10.911	24.83
2	352.39	0.57	−0.01	14.29	24.28
3	375.86	0.58	−0.01	23.29	8.83
4	392.90	0.68	0.00	41.32	2.90

用 Chirp 信号作为地震信号模型,比原有的用具有非平稳功率谱而不具有时变频率成分的均匀调制随机信号作为模型,更适合刻画复杂的地震活动.三参数 Chirp 原子分解的时频分布线性化了时频平面的曲线型的 Chirp,造成能量残留较大,这样的逼近还是较为粗糙的.

5.10 本章小结

本章提出基于了预估计的匹配追踪算法,用三参数 Chirp 原子分解对多分量 Chirp 信号的时频表示与参数估计方法,将 PEMP 算法应用于合成信号、实际的声音信号及地震数据，仿真实验结果表明，由于 PEMP 方法先从整体上把握了信号的最大时频结构，避免了原始的 MP 算法局部优化的贪婪性对信号的过于分解，得到了信号的稀疏表示，提供了每个 Chirp 分量的参数. 基于三参数 Chirp 原子分解的线性时频分布是恒正的，不含交叉项干扰，有较高的时频聚集性和可分辨性.

第六章 总结与展望

6.1 本文的主要贡献

本文以多分量 Chirp 信号为研究对象，采用 Hough 变换图像处理技术、分数阶傅立叶变换、基于三参数 Chirp 原子分解等方法，对多分量 Chirp 信号的时频表示以及检测与参数估计进行了较为深入的研究，主要贡献如下：

1. 从交叉项抑制、时频聚集性、分量间的可分辨性等方面，研究了 Cohen 类时频分布对多分量 Chirp 信号的时频表示性能. 通过理论分析和仿真实验可以看出：从时频聚集性分析，WVD 具有最好的时频聚集性，MHD 的聚集性最差，其他几种分布都不同程度地扩展了时间或(和)频率方向的聚集性. 从减少交叉项的角度讲，WVD 的交叉项干扰最严重，谱图中也存在交叉项，CWD、RID、ZAMD、BJD 等的核函数的形状与多分量 Chirp 信号的位置不匹配，导致这些分布对交叉项抑制存在局限. 从可分辨性看，在合适的窗长下，SPWVD 和 CWD 可对相近两个分量较好地分辨，但此时的聚集性较差，而 WVD 和 RID 的聚集性最好，但可分辨性却很差. 总之，对于多分量 Chirp 信号，二次型的 Cohen 类时频分布必然存在交叉项干扰，若平滑交叉项会同时导致时频聚集性降低，交叉项和较低的时频聚集性又造成可分辨性变差. 所以，对多分量 Chirp 信号的时频表示，Cohen 类时频分布不是最好的分析工具[120]，因而寻找具有较好的聚集性和可分辨性，无交叉项干扰的时频分布成为这个研究的动因和目标.

2. 提出了基于 QTFD－Hough 变换的多分量 Chirp 信号的检测与参数估计方法. 该方法将多分量 Chirp 信号的 Cohen 类时频分布作

为图像,由于 Chirp 信号在时频平面呈直线,引入图像处理中 Hough 变换检测直线的原理,将多分量 Chirp 信号的检测与参数估计转换为在参数空间寻找局部极大值及其相应的坐标问题,使检测和参数估计一并完成.仿真实验表明:它可以在较低的信噪比有效地检测多分量 Chirp 信号估计每个分量的参数[121],与 RWT 检测方法相比,避免了计算 RWT 的烦琐过程,且不存在交叉项干扰.与 Chirp-傅立叶变换的方法相比,对数据长度和 Chirp 信号的参数没有苛刻的要求.

3. 首次提出了时频重排-Hough 变换的方法,可以进一步改进噪声中多分量 Chirp 信号的检测与参数估计性能.时频重排既平滑了交叉项和噪声,又提高了时频聚集性,这样不仅提高了 Hough 变换后信号尖峰的幅度和尖峰位置的准确性,而且大大缩短了 Hough 变换的时间,从而提高了检测门限,增加了参数估计的精度,也解决了交叉项抑制和时频聚集性降低这一对矛盾[122].在此基础上,还提出了抽取时频分布图像脊-Hough 变换的改进方法[123],并将时频重排-Hough 变换方法应用于噪声中多运动目标雷达回波信号的检测,仿真实验结果证明了这种方法的有效性[124].

4. 较深入地研究了分数阶傅立叶变换的理论和它对多分量 Chirp 信号表示的特殊机理.包括分数阶傅立叶变换的由来、定义与性质,常用信号的分数阶傅立叶变换,分数阶傅立叶域的概念与相应的算子,分数阶傅立叶变换定义多样性的原因及离散计算.从分数阶傅立叶变换的核函数、分数阶域的自相关函数、与其他时频表示的关系等多方面,揭示和分析了多分量 Chirp 信号在适当的分数阶傅立叶变换域呈现冲激信号特征的机理[125],并将此特征应用于直接序列扩频通信系统中多个宽带 Chirp 干扰的识别与抑制,仿真实验结果表明这种方法可适用于较宽的信噪比范围,对较强的 Chirp 宽带干扰有较好的识别和抑制能力[125].

5. 提出了基于分数阶傅立叶变换的旋转-径向移位算子[127],证明了它是时移算子、频移算子和分数阶移位算子的广义形式,推导了该算子作用于信号后引起 WVD 的旋转协变性和径向移位不变性,并将该算子应用于比例后的高斯函数，首次提出了用比例、旋转、径向位移三个参数表示的 Chirp 原子，用旋转代替频率切变和时间切变，而旋转后的基函数沿旋转轴径向移动，利用旋转角度和径向移位可得到时移和频移两个参数，这样，使五个参数表示的 Chirp 原子被简化到用比例、旋转、径向位移三个参数表示[128].

6. 首次提出了预估计的匹配追逐算法(PEMP)，对于多分量 Chirp 信号的三参数 Chirp 原子分解方法. 由于最佳原子参数与分析信号有关，先对多分量 Chirp 信号进行分数阶傅立叶变换，并搜索其局部极大值来预先估计 Chirp 原子的最佳旋转方位，并在固定的比例参数下使原子仅沿该方位径向移动，将三参数搜索变成径向移位一个参数的搜索，保持旋转方位和径向移位不变再局部调整比例参数. 设计了 PEMP 数值实现算法，并将其应用于人工合成信号、实际的声音信号和实测的地震数据. 仿真实验结果表明：PEMP 方法从整体上把握了信号中的最大时频结构，避免了原始 MP 的局部贪婪优化对信号的过于分解，可提供信号的紧凑表示和每个 Chirp 分量的参数. 该方法虽然是针对多分量 Chirp 信号提出的，但它能够匹配其他信号中的线性变频成分，并逼近非线性变频成分. 基于三参数 Chirp 原子分解的多分量 Chirp 信号的时频分布是恒正的，不含交叉项干扰，没有窗效应，且具有较高的时频聚集性和可分辨性[129].

6.2 进一步研究的问题

经过半个多世纪的发展，时频分析理论不断丰富和日益完善，但是，在很多方面，如一些物理概念、基本数学理论的支撑、快速算法的实现以及实际应用等方面还存在着大量的挑战，就与本研究内容相关的、有待进一步探索和研究的问题有：

首先，在丰富和发展时频分析的理论和方法方面. 图像分析与处理理论丰富、技术完善、应用广泛，将图像分析与处理中的概念和方法引入到时频分析领域，对信号及其时频分布进行前处理和后处理，作为对时频分析方法的一种补充，可能会进一步改善时频分析性能，并间接地得到待分析信号的有关参数.

其次，在快速数值计算和 DSP 实现方面. 双线性时频分布、Hough 变换、三参数 Chirp 原子分解等算法，当数据长度增大时，运行时间明显增加，设计快速计算方法，并利用 DSP 来实现是现有理论走向应用的必然过程.

最后，在拓宽时频分析方法的应用方面. 多分量 Chirp 信号模型除了本文所列举之外，还会有大量的工程实际信号和物理过程可以用其作为数学模型，如果将本文提出的方法应用于这些工程实际场合，结合相应的专业知识，可能会得到较好的分析与处理效果. 此外，尽管 FRFT 在信号重建[130]、分数阶域滤波[131]、图像恢复[132]等方面得到了初步应用，但是，作为傅立叶变换广义形式的 FRFT，在信号分析与处理中应该有着比傅立叶变换更普遍的性质和更广泛的应用前景，如在保密通信中，分数阶傅立叶变换可应用于数据加密、数据隐藏；在现有的时分复用、频分复用基础上，针对传输信号的时频特征，研究分数阶傅立叶域的复用问题，可能会进一步提高信道的利用率，这对于当前日益扩大的通信要求是一个可探索的研究领域.

参考文献

1 L. 科恩著[美]，白居宪译. 时-频分析. 理论与应用. 西安：西安交通大学出版社，1998

2 张贤达，保铮. 非平稳信号分析与处理. 北京：国防工业出版社，1998

3 Xia X. G. System identification using Chirp signal and time-variant filters in the joint time-frequency domain. *IEEE Trans. Signal Processing*, 1997;**45**(8): 2072 - 2084

4 Chen V. C., Hao L. Joint time-frequency analysis for radar signal and image processing. *IEEE Signal Processing Magazine*, March 1999; 81 - 93

5 Amin M. G. Interference mitigation in spread spectrum communication systems using time-frequency distributions. *IEEE Trans. Signal Processing*, 1997; **45**(1): 90 - 101

6 Barbarssa S., Scaglione A. Adaptive time-varying cancellation of wideband interferences in spread spectrum communications based on time-frequency distributions. *IEEE Trans. Signal Processing*, 1999;**47**(4): 957 - 965

7 Orozco-Lugo A. G., Mclernon D. C. Blind channel equalization using Chirp modulating signal. *Proceedings of the IEEE International Conference on ASSP*, June 2000;**5**, 2721 - 2724

8 Boashash B., Mesbah. M. Time-frequency methodology for newborn EEG seizure detection. *Papandreon-Suppappola A. Ed., Applications in Time-Frequency Signal Processing.*

CRC PRESS, Boca. Raton, FL. 2003; 339 - 370

9 Wang J. J., Zhou J. A seismic designs based on artificial simulations. *IEEE Signal Processing Magazine*, March 1999; 94 - 99

10 Oehlmann H., Brie D. et al. A method for analyzing gearbox Faults using time-frequency representations. *Mechanical Systems and Signal Processing*, 1997; **11**(4): 529 - 545

11 Sircar P, Syali M S. Complex AM signal model for non-stationary signals. *Signal Processing*, 1996;**53**: 35 - 45

12 Sircar P, Sharma S. Complex FM signal model for non-stationary signals. *Signal Processing*. 1997;**57**: 283 - 304

13 Haykin S, Thomson D. J. Signal detection in a nonstationary environment reformulated as an adaptive pattern classification problem. Haykin S., Kosko B. Ed., Intelligent Signal Processing. IEEE Press. New York 2001

14 王宏禹. 非平稳随机信号分析与处理. 北京：国防工业出版社，1999

15 Cohen L. Time-frequency distribution—a review. *Proc. IEEE*, 1989;**77**(7): 941 - 981.

16 Martin W, Flandrin P. Wigner-ville spectral analysis of nonstationary processes. *IEEE Trans. ASSP*, 1985; **33**(6): 1461 - 1469

17 Sun M. G, et al. Efficient computation of the discrete pseudo-Wigner distribution. *IEEE Trans. ASSP*, 1989; **37**(11): 1735 - 1741

18 Boashash B. Note on the use of the Wigner distribution for time-frequency signal analysis. *IEEE Trans. ASSP*, 1988;**36**(9): 1518 - 1521

19 Andrieux J. C., Feix M. R., et a. Optimum smooth of the

Wigner-Ville distribution. *IEEE Trans*. *ASSP*, 1987; **35**(6): 764 - 769

20 Bikdash M. U., Yu K. B. Analysis and filtering using the optimally smoothed Wigner distribution. *IEEE Trans*. *Signal Processing*, 1993;**41**(4): 1603 - 1617

21 Krattenthaler W, Hlawasch F. Time-frequency design and processing of signals via smoothed Wigner distributions. *IEEE Trans*. *Signal Processing*, 1993;**41**(1): 278 - 287

22 Hlawatsch F, Boudreaux-Bartels G. F. Linear and quadratic time-frequency signal representations. *IEEE signal processing magazine*, 1992; 21 - 67

23 Choi H. I., Willimas W. J. Improved time-frequency representation of multicomponent signals using exponential kernel. *IEEE*. *Trans*. *ASSP*, 1989; **37**(6): 862 - 871

24 Diethorn E. J. The generalized exponential time-frequency distribution. *IEEE Trans*. *Signal Processing*, 1994; **42** (5): 1028 - 1037

25 Zhao Y. X, Atlas L. E., Marks R. J. The use of cone-shaped kernels for generalized time-frequency representation of nonstationary signal. *IEEE Trans*. *ASSP*, 1990; **38** (7): 1084 - 1091

26 Oh S., Marks R. J. Some properties of the generalized time-frequency representation with cone-shaped kernel. *IEEE Trans*. *Signal Processing*, 1992;**40** (7): 1735 - 1745

27 Pitton J. W., Atlas L. E. Discrete time implementation of the cone-kernel time-frequency representation. IEEE Trans. Signal Processing, 1995; **43** (8): 1996 - 1998

28 Costa A. H. Boudreaux-Bartels G. F. Design of time-frequency representation using a multiform, tiltable exponential

kernel. *IEEE Trans. Signal Processing*, 1995; **43** (10): 2283 - 2301

29 Jeong J. C., Williams W. J. Kernel design for reduced interference distributions. *IEEE Trans. Signal Processing*, 1992; **40** (2): 402 - 411

30 Zhang B. L., Sato S. S. A time-frequency distribution of Cohen's class with a compound kernel and its application to speech signal processing. *IEEE Trans. Signal Processing*, 1994; **42** (1): 54 - 64

31 Gao Z. Y, Durand L. G, Lee H. C. The time-frequency distributions of nonstationary signals based on a bessel kernel. *IEEE Trans. Signal Processing*, 1994; **42** (7): 1700 - 1707

32 Loughlin P. J., Pitton J. W., Atlas L. E. Construction of positive time-frequency distribution. *IEEE Trans. Signal Processing*, 1994; **42**(10): 2697 - 2705

33 Groutage D. Fast algorithm for computing minimum cross-entropy positive time-frequency distributions. *IEEE Trans. Signal Processing*, 1997; **45**(8): 1954 - 1971

34 Jones D. L., Parks T. W. A resolution comparison of several time-frequency representation. *IEEE Trans. Signal Processing*, 1992; **40** (2): 413 - 420

35 Ma N. et al. Time-frequency representation of multicomponent chirp signals. *Signal Processing*. 1997; **56**: 149 - 155

36 Auger F., Flandrin P. Improving the readability of time-frequency and time-scale representation by the reassignment method. *IEEE Trans. Signal Processing*, 1995; **43** (5): 1068 -1089

37 Jone D. L, Parks T. W. A high resolution data-adaptive time-frequency representation. *IEEE Trans. ASSP*, 1990; **38**(12):

2127－2135
38 Baraniuk R. G., Jones D. L. A signal-dependent time-frequency representation optimal kernel design. *IEEE Trans. Signal Processing*, 1993;**41** (4): 1589－1601
39 Jones D. L., Baraniuk R. G. An adaptive optimal-kernel time-frequency representation. *IEEE Trans. Signal Processing*. 1995; **43** (10): 2361－2371
40 Czerwinski R. N., Jones D. L. Adaptive cone-kernel time-frequency analysis. *IEEE, Trans. Signal Processing*. 1995; **43** (7): 1715－1719
41 Gillespie B. W. Atlas L. E. Optimizing time-frequency kernels for classification. *IEEE Trans. Signal Processing*. 2001; **49** (3): 485－496
42 Baraniuk R. G., Jones D. L. Signal-dependent time-frequency using a radially Gaussian kernel. *Signal Processing*, 1993;**32**: 263－284
43 Jones D. L., Baraniuk R. G. A simple scheme for adapting time-frequency representation. *IEEE Trans. Signal Processing*. 1994; **42** (12): 3530－3535
44 Mihovilovic D., Bracewell R. N. Adaptive Chirplet representation of signals on time-frequency plane. *Electronics Letters*. 1991;**27**(13): 1159－1161
45 Mann S., Haykin S. 'Chirplets' and 'Warblets: novel time-frequency methods. *Electronics Letters*. 1992;**28**(2): 114－116
46 Mann S., Haykin S. Adaptive Chirplet transform: an adaptive generalization of the wavelet transform. *Optical Engineering*. 1992;**31**(6): 1243－1255
47 Mann S., Haykin S. The Chirplet transform: physical considerations. *IEEE Trans. Signal Processing*, 1995; **43**

(11): 2745 - 2761

48 Baraniuk R. G., Jones D. L. Wigner-based formulation of the Chirplet transform. *IEEE Trans. Signal Processing*, 1996; **44** (12): 3129 - 3135

49 Qian S. E, Morris J. M. Wigner distribution decomposition and cross-terms deleted representation. *Signal Processing*, 1992; **27**: 125 - 144

50 Qian S. E, Chen D. P. Decomposition of Wigner-Ville distribution and time-frequency distribution series. *IEEE Trans. Signal Processing*, 1994; **42**(10): 2837 - 2842

51 Mallat, S., Zhang Z. F. Matching pursuit time-frequency distributions. *IEEE Trans. Signal Processing*, 1993; **41**(12): 3397 - 3415

52 Qian S. E, Chen D. P. Signal representation using adaptive normalized Gaussian functions. *Signal Processing*, 1994; **36**: 1 - 11

53 Papandreou-Suppappola A. *et al*. Analysis and classification of time-varying signals with multiple time-frequency structures. *IEEE Trans. Signal Processing*, 1999; **47**(3): 731 - 745

54 McClure M. R. Carin L. Matching pursuits with a wave-based dictionary. *IEEE Trans. Signal Processing*, 1997; **45**(12): 2912 - 2927

55 Goodwin M. M., Vetterli M. Matching pursuit and atomic signal models based on recursive filter banks. *IEEE Trans. Signal Processing*, 1999; **47**(7): 1890 - 1999

56 Durka P. J. *et al*. Stochastic time-frequency dictionaries for matching pursuit. *IEEE Trans. Signal Processing*, 2001; **49** (3): 507 - 510

57 Gribonval, R., Bacry E. Harmonic decomposition of audio

signals with matching pursuit. *IEEE Trans. Signal Processing*, 2003;**51**(1): 101-111

58 Bultan A. Four-parameter atomic decomposition. *IEEE Trans. Signal Processing*, 1999;**47**(3): 731-745

59 殷勤业，倪志芳，钱世锷，陈大庞. 自适应旋转投影分解法，电子学报 1997;**25**(4): 52-58

60 Yin Q. Y., Qian S. E., Feng A. F. A fast refinement for adaptive Gaussian chirplet decomposition. *IEEE Trans. Signal Processing*, 2002;**50**(6): 1298-1306

61 Gribonval R., Fast matching pursuit with a multiscale dictionary of Gaussian chirps. *IEEE Trans. Signal Processing*, 2001;**49**(5): 994-1001

62 Saha S., Kay S. M. Maximum likelihood parameter estimation of superimposed Chirps using Monte Carlo importance sampling. *IEEE Trans. Signal Processing*, 2002;**50**(2): 224-230

63 O'Shea P. A fast algorithm for estimating the parameters of a quadratic FM signal. *IEEE Trans. Signal Processing*, 2004; **52**(2): 385-393

64 Li H. T. Djuric P. M. MMSE estimation of nonlinear parameters of multiple linear quadratic Chirps. *IEEE Trans. Signal Processing*, 1998;**46**(3): 798-800

65 Wood J. C. Barry D. T. Radon-Wigner transform of time-frequency distribution for multicomponent signals. *IEEE Trans. Signal Processing*, 1994;**42** (11): 3166-3177

66 Peleg S., Friedlander B. Multicomponent signal analysis using the polynomial-phase transform. *IEEE Trans. Aerospace and Electronic Sysytem*, 1996;**32** (1): 378-387

67 Mertins A. Signal Analysis Wavelet, Filter Banks, Time-

Frequency Transforms and Applications. JOHN WILEY & SONS, LTD, Baffins Lane, Chichester, West Sussex PO19 1UD, England, 1999

68 Loughlin P. j., Pitton J. W., Atlas L. E. Bilinear time-frequency distributions: new insights and properties. *IEEE Trans. Signal Processing*, 1993;**41**(2): 2750 - 2767

69 Papandreon-Suppappola A Ed. *Applications in Time-Frequency Signal Processing*. CRC PRESS, Boca. Raton, FL., 2003

70 Hlawatsch F. Regularity and unitary of bilinear time-frequency signal representations. *IEEE Trans. Information Theory*, 1992;**38**(1): 82 - 94

71 Kadambe S., Boudreaux-Bartels G. F. A comparison of the existence of "cross terms" in the Wigner distribution and the squared magnitude of the wavelet transform and the short time Fourier transform. *IEEE Trans. Signal Processing*, 1992;**40**(10): 2408 - 2517

72 Boashash B., Sucic V. Resolution measure criteria for the objective assessment of the performance of quadratic time-frequency distributions. *IEEE Trans Signal Processing*, 2003; **51**(5): 1253 - 1263

73 Wood J. C. Barry D. T. Tomographic time-frequency analysis and its application toward time-varying filter and adaptive kernel design for multicomponent linear — FM signals. *IEEE Trans. Signal Processing*, 1994; **42**(8): 2094 - 2103

74 Wood J. C. Barry D. T. Linear signal synthesis using the Radon-Wigner transform. *IEEE Trans. Signal Processing*. 1994;**42**(8): 2105 - 2111

75 章毓晋. 图像分割. 北京：科学出版社，2001;24 - 26

76 Barbarossa S. Analysis of multicomponet LFM signals by a combined Wigner-Hough transform. *IEEE Trans. Signal Processing*, 1995, **43**(6): 1511-1515

77 阮秋琦. 数字图像处理学. 北京: 电子工业出版社, 2001; 425-426

78 Carmona R., Hwang W. L., Torresani B. Characterization of signals by the ridges of their wavelet transforms. *IEEE Trans. Signal Processing*, 1997; **45**(10): 2586-2590

79 Carmona R., Hwang W. L., Torresani B. Multiridge detection and time-frequency reconstruction. *IEEE Trans. Signal Processing*, 1999; **47**(2): 480-492

80 王盛利, 李士国等. 一种新的变换——匹配傅立叶变换. 电子学报, 2001; **3**: 403-405

81 Xia X. G. Discrete Chirp-Fourier transform and its application to Chirp rate estimation. *IEEE Trans. Signal Processing*, 2000; **48** (11): 3122-3133

82 费元春, 苏广川等. 宽带雷达信号产生技术. 北京, 国防工业出版社, 2002

83 孙泓波, 顾红, 苏卫民, 刘国岁. 基于分数阶 Fourier 变换的机载 SAR 运动目标检测. 电子与信息学报, 2002, 24 (8): 1060-1065

84 McBride A. C. Kerr F. H. On namias' the fractional Fourier transform. IMA. *Journal of Applied Mathematics*, 1987, 39: 159-171

85 Lohmann A. W. Image rotation, Wigner rotation, and the fractional Fourier transform. *J. Opt. Soc. Amer. A*, 1993; **10** (10): 2181-2186

86 Mendlovic D., Ozaktas H. M. Fractional Fourier transform and their optical implement: Ⅰ. *J. Opt. Soc. Amer. A*, 1993;

10(9)：1875－1881

87 Ozaktas H. M., Mendlovic D. Fractional Fourier transform and their optical implement：Ⅱ. *J. Opt. Soc. Amer. A*, 1993；**10**(12)：2522－2531

88 Mendlovic D., Ozaktas H. M., Lohmann A. W. Graded-index fibers, Wigner-distribution functions, and the fractional Fourier transform. *Applied Optics*, 1994；**33**(26)：6188－6193

89 Ozaktas H. M., Mendlovic D. Every Fourier optical system is equivalent to consecutive fractional-Fourier-domain filtering. *Applied Optics*, 1996；**35** (17)：3167－3170

90 Zalevsky Z. et al. Fractional correlator with real-time control of the space-invariance property. *Applied Optics*, 1997；**36**(11)：2371－2375

91 Sahin A. et. al. Optical implementations of two-dimensional fraction Fourier transforms and linear canonical transforms with arbitrary parameters. *Applied Optics*, 1998；**36**(11)：2130－2626

92 Ozaktas H. M., Zalevsky Z. Kutay M. A. The fractional Fourier transform with application in optics and signal processing. JOHN WILEY & SONS, LTD, Baffins Lane, Chichester, West Sussex PO19 1UD, England, 2001

93 Almeida L. B. The fractional Fourier transform and time-frequency representation, *IEEE Trans. Signal Processing*, 1994；**42**(11)：3084－3091

94 Cariolaro G. et al. A unified framework for the fractional Fourier transform. *IEEE Trans. Signal Processing*, 1998；**46**(12)：3206－3219

95 Lohmann A. W., Mendlovic D. Self-Fourier objects and other self-transform objects. *J. Opt. Soc. Amer. A*, 1992；**9**(11)：2009－2012

96 Ozaktas H. M. Aytur O. Fractional Fourier domain. *Signal Processing*, 1995; **46**: 119 - 124

97 Xia X. G. On bandlimited signals with fractional Fourier transform. *IEEE Signal Processing Letters*, 1996; **3**(3): 72 - 74

98 Shinde S. Gadre V. M. An uncertainty principle for real signals in the fractional Fourier transform domain. *IEEE Trans. Signal Processing*, 2001; **49**(11): 2545 - 2548

99 Cariolaro G. et al. Multiplicity of fractional Fourier transforms and their relationships. *IEEE Trans. Signal Processing*, 2000; **48**(1): 227 - 241

100 Ozaktas H. M., Arikan O. Kutay M. A. Digital computation of the fractional Fourier transform, *IEEE Trans. Signal Processing*, 1996;**44** (9): 2141 - 2150

101 Santhanam B., McClellan J. H. The discrete rotational Fourier transform. *IEEE Trans. Signal Processing*, 1996;**44** (4): 994 - 997

102 Pei S. C., Yeh M. H., Tseng C. C. Discrete fractional Fourier transform based on orthogonal projections. *IEEE Trans. Signal Processing*, 1999;**47**(5): 1335 - 1348

103 Candan C., Kutay. M. A., Ozaktas H. M. The discrete fractional Fourier transform. *IEEE Trans. Signal Processing*, 2000;**48**(5): 1329 - 1337

104 Tseng C. C. Eigenvalues and eigenvectors of generalized DFT, generalized DHT, DCT-IV and DST-IV matrices. *IEEE Trans. Signal Processing*, 2002;**50**(4): 866 - 877

105 Yeh M. H., Pei S. C. A method for the discrete fractional Fourier transform computation. *IEEE Trans. Signal Processing*, 2003; **51**(3): 889 - 891

106 Akay O. Unitary and Hermitian fractional operators and their extensions: fractional Mellin transform, Joint Fractional Representations and Fractional Correlations. University of Rhode Island, 2000

107 Xia X. G. On generalized-marginal time-frequency distribution. *IEEE Trans. Signal Processing*, 1996;**44**(11): 2882－2886

108 查光明，熊贤祚. 扩频通信. 西安：西安电子科技大学出版社，1990

109 Amin M. G., Akansu. N. A. Time-Frequency for interference excision in spread spectrum communications. *IEEE Trans. Signal Processing Magazine*, 1999;**16**(2): 33－34

110 Ouyang X. M., Amin M. G. Short-time Fourier transform receiver for nonstationary interference excision in direct sequence spread spectrum communications. *IEEE Trans. Signal Processing*, 2001;**49**(4): 851－863

111 Suleesathira R. Jammer excision in spread spectrum using discrete evolutionary-Hough transform. University of Pittsburgh, 2001

112 Cohen L. The scale representation. *IEEE Trans, Signal Processing*, 1996; **41**(12): 3275－3292

113 Cohen L. A general approach for obtaining joint representations in signal analysis part1: characteristic function operator method. *IEEE Trans. Signal Processing*, 1996; **44**(5): 1080－1089

114 Baraniuk R. G. Beyond time-frequency analysis: energy densities in one and many dimensions. *IEEE Trans. Signal Processing*, 1998;**46**(9): 2305－2314

115 Akay O., Boudreaux-Bartels. G. F. Fractional convolution and correlation via operator methods and an application to detection of linear FM signals. *IEEE Trans. Signal Processing*, 2001; **49**(5): 979 - 993

116 Baraniuk R. G., Jones D. L. Unitary equivalence: a new twist on signal processing. *IEEE Trans. Signal Processing*, 1995;**43**(10): 2269 - 2282

117 Sayeed A. M., Jones D. L. Integral transforms covariant to unitary operators and their implications for joint signal representations. *IEEE Trans. Signal Processing*, 1996; **44**(6): 1365 - 1376

118 马世伟. 非平稳信号的参数自适应时频表示及其应用的研究. 上海大学, 2000

119 Dai Q. H., Zou H. X., Li Y. D. Application of FMmlet transform to signal separation. *Journal of Electronics*, 2002; **10**(2): 133 - 138

120 于凤芹, 曹家麟. 多 Chirp 信号的 Cohen 类时频分布的性能分析, 信号处理, 2003; **19**, 增刊: 49 - 52

121 于凤芹, 马世伟, 曹家麟. 基于 BTFD-Hough 变换的多 Chirp 成分信号的检测与参数估计, 上海大学学报, 2004; **10**(5): 445 - 449

122 于凤芹, 曹家麟. 基于重排时频分布-Hough 变换的多分量 Chirp 信号的检测与参数估计. 信号处理, 录用待发表

123 于凤芹, 曹家麟. 抽取时频分布图像脊-Hough 变换算法及其性能分析[J]. 中国图像图形学报, 2005; **10**(1): 103 - 106

124 于凤芹, 曹家麟. 基于时频重排-Hough 变换的多目标雷达回波信号的检测. 现代雷达, 录用待发表

125 于凤芹, 曹家麟. 基于分数阶傅立叶变换的多分量 Chirp 信号的检测与参数估计, 电声技术, 2004;**1**: 53 - 59

126 于凤芹，曹家麟，屈百达. 直接序列扩频通信中多个宽带Chirp干扰的识别与抑制. 辽宁工程技术大学学报，录用待发表

127 Yu. F. Q，Cao. J. L. A Novel Rotated Radial-Shift Compound Operator. *In* 2004 7*th International Conference on Signal Processing Proceedings*，Aug. 31-Sept. 4，2004；Beijing，CHINA. IEEE PRESS. P223 - 226

128 Yu. F. Q，Cao. J. L. Three-Parameter Chirp Atoms Based on Rotated Radial-Shift Operator. *In 2004 7th International Conference on Signal Processing Proceedings*. Aug. 31-Sept. 4，2004，Beijing，CHINA. IEEE Press. P284 - 288

129 Yu. F. Q，Ma S. W，Cao. J. L. Three-Parameter Chirp Atoms Based on Rotated Radial-Shift Operator and PEMP. 上海大学学报英文版，录用待发表

130 Alieva T. et al. Signal reconstruction from two close fractional Fourier power spectra. *IEEE Trans. Signal Processing*，2003；**51**(1)：112 - 123

131 Kutay M. A. et al. Optimal filtering in fractional Fourier domains. *IEEE Trans. Signal Processing*，1997；**45**(5)：1129 - 1143

132 Kutay M. A. Ozaktas H. M. Optimal image restoration with the fractional Fourier transform. *J. Opt. Soc. Amer. A*，1998；**15**(4)：825 - 833.

附录 A1：分数阶傅立叶变换核的连续可加性质推导

该性质重新陈述如下：

$$\int K^{\phi_1}(t, t')K^{\phi_2}(t', r)\mathrm{d}t' = K^{\phi_1+\phi_2}(t, r). \tag{A.1.1}$$

证明：FRFT 关于角度 $\phi \neq n\pi$ 的定义为：

$$K^{\phi}(t, r) = \sqrt{1-\mathrm{j}\cot\phi}\quad \mathrm{e}^{\mathrm{j}\pi(t^2+r^2)\cot\phi-\mathrm{j}2\pi rt\csc\phi}. \tag{A.1.2}$$

利用(A.1.2)式，可以把(A.1.1)的等号左边写成：

$$\begin{aligned}
&\int K^{\phi_1}(t, t')K^{\phi_2}(t', r)\mathrm{d}t' \\
&= \sqrt{(1-\mathrm{j}\cot\phi_1)(1-\mathrm{j}\cot\phi_2)} \times \\
&\quad \mathrm{e}^{\mathrm{j}\pi t^2\cot\phi_1}\mathrm{e}^{\mathrm{j}\pi r^2\cot\phi_2}\int \mathrm{e}^{\mathrm{j}\pi t'^2(\cot\phi_1+\cot\phi_2)}\mathrm{e}^{-\mathrm{j}2\pi t'\left(\frac{t}{\sin\phi_1}+\frac{r}{\sin\phi_2}\right)}\mathrm{d}t'
\end{aligned} \tag{A.1.3}$$

首先，我们修改(A.1.3)式等号右边的常量部分，得到下式：

$$\begin{aligned}
&\sqrt{(1-\mathrm{j}\cot\phi_1)(1-\mathrm{j}\cot\phi_2)} \\
&= \sqrt{1-\frac{\cos\phi_1}{\sin\phi_1}\frac{\cos\phi_2}{\sin\phi_2}-\mathrm{j}\left(\frac{\cos\phi_1}{\sin\phi_1}+\frac{\cos\phi_2}{\sin\phi_2}\right)} \\
&= \sqrt{\frac{\sin\phi_1\sin\phi_2-\cos\phi_1\cos\phi_2}{\sin\phi_1\sin\phi_2}-\mathrm{j}\,\frac{\sin\phi_2\cos\phi_1+\cos\phi_2\sin\phi_1}{\sin\phi_1\sin\phi_2}} \\
&= \sqrt{-\frac{\cos(\phi_1+\phi_2)}{\sin\phi_1\sin\phi_2}-\mathrm{j}\,\frac{\sin(\phi_1+\phi_2)}{\sin\phi_1\sin\phi_2}}
\end{aligned} \tag{A.1.4}$$

注意到 $\cot\phi_1+\cot\phi_2=\dfrac{\sin(\phi_1+\phi_2)}{\sin\phi_1\sin\phi_2}$ 并使用(A.1.4),我们把(A.1.3)重写为:

$$\int K^{\phi_1}(t,t')K^{\phi_2}(t',r)\mathrm{d}t'=\sqrt{-\frac{\cos(\phi_1+\phi_2)}{\sin\phi_1\sin\phi_2}-\mathrm{j}\frac{\sin(\phi_1+\phi_2)}{\sin\phi_1\sin\phi_2}}$$

$$\mathrm{e}^{\mathrm{j}\pi t^2\frac{\cos\phi_1}{\sin\phi_1}}\mathrm{e}^{\mathrm{j}\pi r^2\frac{\cos\phi_2}{\sin\phi_2}}\int\mathrm{e}^{\mathrm{j}\pi t'^2\left(\frac{\sin(\phi_1+\phi_2)}{\sin\phi_1\sin\phi_2}\right)}\mathrm{e}^{-\mathrm{j}2\pi t'\left(\frac{t\sin\phi_2+r\sin\phi_1}{\sin\phi_1\sin\phi_2}\right)}\mathrm{d}t' \quad \text{(A.1.5)}$$

(A.1.5)式中的积分可以被看作是 Chirp 函数的经典傅立叶变换,表达式 $\dfrac{t\sin\phi_2+r\sin\phi_1}{\sin\phi_1\sin\phi_2}$ 对应于输出频率变量,因为线性调频 Chirp 信号的傅立叶变换是

$$(F^{\frac{\pi}{2}}\{\mathrm{e}^{\mathrm{j}\pi at^2}\})(f)=\frac{1}{\sqrt{-\mathrm{j}a}}\mathrm{e}^{-\mathrm{j}\pi\frac{f^2}{a}}\quad a\in C \qquad \text{(A.1.6)}$$

$F^{\frac{\pi}{2}}$ 代表傅立叶变换算子. 利用(A.1.6)我们计算(A.1.5)中的积分

$$\frac{1}{\sqrt{-\mathrm{j}\frac{\sin(\phi_1+\phi_2)}{\sin\phi_1\sin\phi_2}}}\mathrm{e}^{-\mathrm{j}\pi\frac{(t\sin\phi_2+r\sin\phi_1)^2}{\sin\phi_1\sin\phi_2\sin(\phi_1+\phi_2)}} \qquad \text{(A.1.7)}$$

并且可以进一步展开为

$$\frac{1}{\sqrt{-\mathrm{j}\frac{\sin(\phi_1+\phi_2)}{\sin\phi_1\sin\phi_2}}}\mathrm{e}^{-\mathrm{j}\pi\frac{r^2\sin\phi_1}{\sin\phi_2\sin(\phi_1+\phi_2)}}\mathrm{e}^{-\mathrm{j}\pi\frac{t^2\sin\phi_2}{\sin\phi_1\sin(\phi_1+\phi_2)}}\mathrm{e}^{-\mathrm{j}2\pi\frac{tr}{\sin(\phi_1+\phi_2)}}$$

(A.1.8)

将(A.1.8)代如(A.1.5),并且合并相似部分得到:

$$\int K^{\phi_1}(t,t')K^{\phi_2}(t',r)\mathrm{d}t'=\sqrt{\frac{\frac{-\cos(\phi_1+\phi_2)-\mathrm{j}\sin(\phi_1+\phi_2)}{\sin\phi_1\sin\phi_2}}{-\mathrm{j}\frac{\sin(\phi_1+\phi_2)}{\sin\phi_1\sin\phi_2}}}$$

$$e^{j\pi t^2\left[\frac{\cos\phi_1}{\sin\phi_1}-\frac{\sin\phi_2}{\sin\phi_1\sin(\phi_1+\phi_2)}\right]}e^{j\pi r^2\left[\frac{\cos\phi_2}{\sin\phi_2}-\frac{\sin\phi_1}{\sin\phi_2\sin(\phi_1+\phi_2)}\right]}e^{-j2\pi\frac{tr}{\sin(\phi_1+\phi_2)}} \quad (A.1.9)$$

使用三角恒等式，(A.1.9)可以写为：

$$\begin{aligned}
&\int K^{\phi_1}(t, t')K^{\phi_2}(t', r)\mathrm{d}t' \\
&=\sqrt{1-\mathrm{j}\cot(\phi_1+\phi_2)}\, e^{j\pi t^2\left[\frac{\cos\phi_1(\sin\phi_1\cos\phi_2+\cos\phi_1\sin\phi_2)-\sin\phi_2}{\sin\phi_1\sin(\phi_1+\phi_2)}\right]}\cdot \\
&\quad e^{j\pi r^2\left[\frac{\cos\phi_2(\sin\phi_1\cos\phi_2+\cos\phi_1\sin\phi_2)-\sin\phi_1}{\sin\phi_2\sin(\phi_1+\phi_2)}\right]}e^{-j2\pi\frac{tr}{\sin(\phi_1+\phi_2)}} \\
&=\sqrt{1-\mathrm{j}\cot(\phi_1+\phi_2)}\, e^{j\pi t^2\left[\frac{-\sin\phi_2(1-\cos^2\phi_1)+\cos\phi_1\sin\phi_1\cos\phi_2}{\sin\phi_1\sin(\phi_1+\phi_2)}\right]}\times \\
&\quad e^{j\pi r^2\left[\frac{-\sin\phi_1(1-\cos^2\phi_2)+\cos\phi_1\sin\phi_2\cos\phi_2}{\sin\phi_2\sin(\phi_1+\phi_2)}\right]}e^{-j2\pi\frac{tr}{\sin(\phi_1+\phi_2)}} \\
&=\sqrt{1-\mathrm{j}\cot(\phi_1+\phi_2)}\, e^{j\pi t^2\left[\frac{\cos\phi_1\cos\phi_2-\sin\phi_1\sin\phi_2}{\sin(\phi_1+\phi_2)}\right]}\times \\
&\quad e^{j\pi r^2\left[\frac{\cos\phi_1\cos\phi_2-\sin\phi_1\sin\phi_2}{\sin(\phi_1+\phi_2)}\right]}e^{-j2\pi\frac{tr}{\sin(\phi_1+\phi_2)}} \\
&=\sqrt{1-\mathrm{j}\cot(\phi_1+\phi_2)}\, e^{j\pi(t^2+r^2)\left[\frac{\cos(\phi_1+\phi_2)}{\sin(\phi_1+\phi_2)}\right]}e^{-j2\pi\frac{tr}{\sin(\phi_1+\phi_2)}} \\
&=\sqrt{1-\mathrm{j}\cot(\phi_1+\phi_2)}\, e^{j\pi(t^2+r^2)\cot(\phi_1+\phi_2)}e^{-j2\pi tr\csc(\phi_1+\phi_2)} \quad (A.1.10)
\end{aligned}$$

最后，比较(A.1.2)和(A.1.10)，得到求证的结果：

$$\int K^{\phi_1}(t, t')K^{\phi_2}(t', r)\mathrm{d}t' = K^{\phi_1+\phi_2}(t, r).$$

附录 A2：信号的 WVD 与其 FRFT 的 WVD 的旋转关系证明

$$WVD_{X^{\phi}}(t, f) = WVD_x(t\cos\phi - f\sin\phi, t\sin\phi + f\cos\phi)$$

证明：先计算信号的 FRFT 的 WVD，将信号的 FRFT 的表达式代入 WVD 的定义，得到：

$$WVD_{X^{\phi}}(t, f) = \int_{\tau} X^{\phi}\left(t+\frac{\tau}{2}\right)\left[X^{\phi}\left(t-\frac{\tau}{2}\right)\right]^{*} e^{-j2\pi f\tau} d\tau$$

$$= \frac{1}{|\sin\phi|}\int_{\tau}\left[e^{j\pi\left(t+\frac{\tau}{2}\right)^2\cot\phi}\int_{t_1} x(t_1)e^{j\pi t_1^2\cot\phi}e^{-j2\pi t_1\left(t+\frac{\tau}{2}\right)\csc\phi}dt_1\right]\times$$
$$\left[e^{-j\pi\left(t-\frac{\tau}{2}\right)^2\cot\phi}\int_{t_2} x^{*}(t_2)e^{-j\pi t_2^2\cot\phi}e^{j2\pi t_2\left(t-\frac{\tau}{2}\right)\csc\phi}dt_2\right]e^{-j2\pi f\tau}d\tau \tag{A.2.1}$$

第一对括号是除了常数项$\sqrt{1-j\cot\phi}$的$X^{\phi}\left(t+\frac{\tau}{2}\right)$，第二对括号是$\left[X^{\phi}\left(t-\frac{\tau}{2}\right)\right]^{*}$，这里利用了公式$\sqrt{1-j\cot\phi}\sqrt{1+j\cot\phi}=\frac{1}{|\sin\phi|}$，通过交换积分次序合并一些项，则(A.2.1)可以写为：

$$WVD_{X^{\phi}}(t, f) = \frac{1}{|\sin\phi|}\int_{t_1} x(t_1)e^{j\pi t_1^2\cot\phi}e^{-2\pi t_1 t\csc\phi}\times$$
$$\int_{t_2} x^{*}(t_2)e^{-j\pi t_2^2\cot\phi}e^{2\pi t_2 t\csc\phi}\times$$
$$\int_{\tau} e^{-j2\pi\left[f-t\cot\phi+\frac{t_1+t_2}{2\sin\phi}\right]\tau}d\tau dt_2 dt_1 \tag{A.2.2}$$

应用 δ 函数的性质,(A. 2. 2)的最后一项积分可以简化为

$$\int_{\tau} \mathrm{e}^{-\mathrm{j}2\pi\left[f-t\cot\phi+\frac{t_1+t_2}{2\sin\phi}\right]\tau}\mathrm{d}\tau=\delta\left(f-t\cot\phi+\frac{t_1+t_2}{2\sin\phi}\right)$$

$$=\delta\left(\frac{2\sin\phi(f-t\cot\phi)+t_1+t_2}{2\sin\phi}\right)$$

$$=2|\sin\phi|\delta(t_2+t_1+2\sin\phi(f-t\cot\phi))$$

$$=2|\sin\phi|\delta(t_2+t_1+2(f\sin\phi-t\cos\phi)) \quad (A.2.3)$$

将(A. 2. 3)代入(A. 2. 2)得到:

$$WVD_{X^{\phi}}(t,f)$$

$$=2\int_{t_1} x(t_1)\mathrm{e}^{\mathrm{j}\pi t_1^2\cot\phi}\mathrm{e}^{-\mathrm{j}2\pi t_1 t\csc\phi}\times$$

$$\int_{t_2} x^*(t_2)\mathrm{e}^{-\mathrm{j}\pi t_2^2\cot\phi}\mathrm{e}^{2\pi t_2 t\csc\phi}\delta(t_2+t_1+2(f\sin\phi-t\cos\phi))\mathrm{d}t_2\mathrm{d}t_1 \quad (A.2.4)$$

再次利用 δ 函数的筛选性质,计算(A. 2. 4)中的最后一项积分,可以得到:

$$WVD_{X^{\phi}}(t,f)$$

$$=2\int_{t_1} x(t_1)\mathrm{e}^{\mathrm{j}\pi t_1^2\cot\phi}\mathrm{e}^{-\mathrm{j}2\pi t_1 t\csc\phi}\cdot x^*(-t_1-2(f\sin\phi-t\cos\phi))\times$$

$$\mathrm{e}^{-\mathrm{j}\pi[-t_1-2(f\sin\phi-t\cos\phi)]^2\cot\phi}\times\mathrm{e}^{\mathrm{j}2\pi[-t_1-2(f\sin\phi-t\cos\phi)]t\csc\phi}\mathrm{d}t_1 \quad (A.2.5)$$

将后两个指数项展开、组合、并抵消一部分项,可进一步整理为:

$$WVD_{X^{\phi}}(t,f)$$

$$=2\mathrm{e}^{-\mathrm{j}4\pi(f\sin\phi-t\cos\phi)\frac{t}{\sin\phi}}\mathrm{e}^{-\mathrm{j}4\pi(f\sin\phi-t\cos\phi)^2\cot\phi}\times$$

$$\int_{t_1} x(t_1)x^*(-t_1-2(f\sin\phi-\cos\phi))\mathrm{e}^{-\mathrm{j}4\pi\frac{t_1 t}{\sin\phi}}\times$$
$$\mathrm{e}^{-\mathrm{j}4\pi t_1(f\sin\phi-t\cos\phi)\cot\phi}\mathrm{d}t_1 \tag{A.2.6}$$

合并(A. 2. 6)的最后两项指数,可得

$$\begin{aligned}&WVD_{X^\phi}(t,f)\\&=2\mathrm{e}^{-\mathrm{j}4\pi(f\sin\phi-t\cos\phi)\frac{t}{\sin\phi}}\mathrm{e}^{-\mathrm{j}4\pi(f\sin\phi-t\cos\phi)^2\cot\phi}\times\\&\int_{t_1} x(t_1)x^*(-t_1-2(f\sin\phi-\cos\phi))\mathrm{e}^{-\mathrm{j}4\pi t_1(t\sin\phi+f\cos\phi)}\mathrm{d}t_1\end{aligned} \tag{A.2.7}$$

利用变量代换 $t_1=\frac{\tau_1}{2}+(t\cos\phi-f\sin\phi)\Rightarrow \mathrm{d}t_1=\frac{\mathrm{d}\tau_1}{2}$ 得到:

$$\begin{aligned}&WVD_{X^\phi}(t,f)\\&=2\mathrm{e}^{-\mathrm{j}4\pi(f\sin\phi-t\cos\phi)\frac{t}{\sin\phi}}\mathrm{e}^{-\mathrm{j}4\pi(f\sin\phi-t\cos\phi)^2\cot\phi}\times\\&\int_{\tau_1} x\left((t\cos\phi-f\sin\phi)+\frac{\tau_1}{2}\right)x^*\left((t\cos\phi-f\sin\phi)-\frac{\tau_1}{2}\right)\times\\&\mathrm{e}^{-\mathrm{j}4\pi\left(\frac{\tau_1}{2}+(t\cos\phi-f\sin\phi)\right)(t\sin\phi+f\cos\phi)}\frac{\mathrm{d}\tau_1}{2}\end{aligned} \tag{A.2.8}$$

整理后可得到:

$$\begin{aligned}&WVD_{X^\phi}(t,f)\\&=\mathrm{e}^{-\mathrm{j}4\pi(f\sin\phi-t\cos\phi)\frac{t}{\sin\phi}}\mathrm{e}^{-\mathrm{j}4\pi(f\sin\phi-t\cos\phi)^2\cot\phi}\mathrm{e}^{-\mathrm{j}4\pi(t\cos\phi-f\sin\phi)(t\sin\phi+f\cos\phi)}\cdot\\&\int_{\tau_1} x\left((t\cos\phi-f\sin\phi)+\frac{\tau_1}{2}\right)x^*\left((t\cos\phi-f\sin\phi)-\frac{\tau_1}{2}\right)\cdot\\&\mathrm{e}^{-\mathrm{j}2\pi\tau_1(t\sin\phi+f\cos\phi)}\mathrm{d}\tau_1\end{aligned} \tag{A.2.9}$$

而(A. 2. 9)中的积分恰好等于 $WVD_x(t\cos\phi-f\sin\phi,\ t\sin\phi+f\cos\phi)$,

利用三角恒等式,(A. 2. 9) 中积分前边的指数部分可以逐渐分解为 1. 所以,(A. 2. 9)可简化为:

$$WVD_{X^{\phi}}(t,\ f) = WVD_{x}(t\cos\phi - f\sin\phi,\ t\sin\phi + f\cos\phi) \tag{A. 2. 10}$$

附录B：文中所用符号和缩写说明

$x(t)$，$x(n)$：信号和其离散形式

$y(t)$，$y(n)$：受噪声影响的信号和其离散形式

$v(t)$，$v(n)$：噪声

$s_{xx}(t)$，$S_{xx}(f)$：信号 $x(t)$的瞬时功率和能量谱密度

$X^{p}(r)=X^{\phi}(r)$：信号 $x(t)$ 的分数阶傅立叶变换

$X(f)=X^{\frac{\pi}{2}}(r)$：信号 $x(t)$ 的傅立叶变换

$z_{p}(r_{p})$：抽象信号 $z(t)$ 在 P 分数阶傅立叶域的表示

$r_{xx}(\tau)$：时域自相关函数

$\rho_{xx}(v)$：频域自相关函数

$AF_{xx}(\tau, v)$：时频自相关函数，或模糊函数

AF_{xx}^{p}：模糊函数的极坐标表示

$k_{xx}(t, \tau)$：瞬时相关函数

$K_{XX}(f, v)$：点谱相关函数

$P_{x}(t, f)$：Cohen 类双线性(二次型)时频分布

$\phi(\tau, v)$：时延-频偏域核函数

$\varphi(t, \tau)$：时间相关域核函数

$\Psi(f, v)$：谱相关域核函数

$\Phi(t, f)$：时频域核函数

$K^{p}(t, r)=K^{\phi}(t, r)$：分数阶傅立叶变换的核函数

$K(t, f)=K^{\frac{\pi}{2}}(t, r)$：傅立叶变换的核函数

$\mathbb{F}^{\phi}$：分数阶傅立叶变换算子

LFM：Linear Frequency Modulation 线性调频信号

FT：Fourier Transform 傅立叶变换

STFT：Short Time Fourier Transform 短时傅立叶变换

WVD：Wigner-Ville Distribution 魏格纳-威利分布

PWVD：Pseudo WVD 伪魏格纳-威利分布

SWVD：Smoothing WVD 平滑的魏格纳-威利分布

SPWVD：Smoothing PWVD 平滑的伪魏格纳-威利分布

RSPWVD：Reassignment Smoothing PWVD 平滑的伪魏格纳-威利分布

SPEC：Spectrogram 谱图、

CWD：Choi-Willimams Distribution 乔伊-威连姆斯分布

GED：Generalized Exponential Distribution 广义指数分布

ZAMD：Zao-Atlas-Marks Distribution 锥形核分布

MTED：Multiform Tiltable Exponential Distribution 多形式可倾斜指数分布

RID：Reduced Interference Distribution 减少交叉项分布

CKD：Compound Kernel Distribution 具有组合核的时频分布

BKD：Bessel Kernel Distribution 具有贝塞尔核的时频分布

MCEPD：Minimum Cross Entropy Positive Distribution 最小交叉熵正的时频分布

RWT：Radon Wigner Transform 瑞顿-魏格纳变换

FRFT：Fractional Fourier Transform 分数阶傅立叶变换

PEMP：Prior Estimate Matching Pursuit 预估计的匹配追逐算法

SNR：Signal Noise Ratio 信噪比

QTFD：Quadratic Time-Frequency Distributions 二次型时频分布

QH：QTFR-Hough 变换 二次型时频分布-霍夫变换

SFF：Self-Fourier Function 特征函数或自傅立叶函数

HG：Hermite-Gaussian 厄尔米特-高斯函数

DSSS：Direct Sequence Spread Spectrum 直接序列扩频通信

BPSK：Binary Phase-Shift Keying 二进制相移键控信号

JSR：Jammer-Signal Ratio 干扰对信号比

MP：Matching Pursuit 匹配追逐原理

GCT：Gaussian Chirplet Transform 高斯线调频小波变换

CFT：Chirp-Fourier Transform Chirp-傅立叶变换

DCFT：Discrete Chirp Fourier Transform 离散 Chirp-傅立叶变换

致　谢

首先，我衷心感谢导师曹家麟教授，是他把我领进非平稳信号时频分析这个既充满挑战和艰辛，又蕴涵科学之美和探索之趣的神秘殿堂！曹老师严谨的科学的治学作风，对我现在和将来的科研和教学工作是永远的鞭策；他勤奋忘我工作态度，潜移默化地影响着我，使我没有任何懈怠的理由；他对学生们的关心和爱护，强烈地感染着我，作为一名教师和硕士生导师，我将会不遗余力余地传播着这种关爱！

其次，衷心感谢张兆扬教授、马世伟博士在紧张的教学和科研之余，利用自己的休息时间，仔细审阅我的论文，并提出中肯和有价值的修改意见和建议．对论文评阅者和答辩委员会全体成员在百忙之中，审阅我的论文和出席我的答辩，深表敬意和感谢！

我还要感谢马世伟博士、陈光化博士、邓家梅博士、李明博士等，与他们各位的讨论和交流使我受益非浅．在攻读博士学位期间，朋友徐美华、冉峰、赵艳伟、胡越黎、杨文荣、姚旭辉等给与我很大的帮助和鼓励，我非常感谢他们并珍惜这个缘分和友情！

感谢江南大学通信与控制工程学院的领导和同事们给予我的鼓励和支持，他们是我能坚持到今天的强大后盾，学院给我提供了良好的工作条件，在安排教学工作方面提供了方便，尤其要感谢院长纪志成博士在国外期间帮我查找到大量的资料，还要感谢屈百达博士、杨慧中博士、薄亚明博士等对我在多方面的帮助！

江苏省自然科学基金委员会于 2002 年批准了我的研究项目——基于分数阶傅立叶变换的 Chirp 信号的检测与参数估计．本论文是该项目的研究成果之一，在此，我要感谢江苏省自然科学基金委员会对我的信任和经费上的资助．

最后，我要对理解并支持我的丈夫衷心地说一声谢谢！对成长中的儿子的疏于关注和陪伴表示歉意！姐姐舍弃自家来照料我的家庭，解决了我的后顾之忧，无私的手足之情，令我永远铭记和回报！并将此论文献给他们！